# 中国四大玉石

◎主编 金开诚
◎编著 施天放

吉林文史出版社
吉林出版集团有限责任公司

**图书在版编目（CIP）数据**

中国四大玉石 / 施天放编著 . 一长春：吉林出版集团有限责任公司，2011.4（2022.1 重印）

ISBN 978-7-5463-4965-7

Ⅰ . ①中… Ⅱ . ①施… Ⅲ . ①玉石 – 文化 – 中国 Ⅳ . ① TS933.21

中国版本图书馆 CIP 数据核字（2011）第 053550 号

# 中国四大玉石

ZHONGGUO SIDA YUSHI

主编/ 金开诚 编著/施天放

项目负责/崔博华 责任编辑/崔博华 王文亮

责任校对/王文亮 装帧设计/李岩冰 张 洋

出版发行/吉林文史出版社 吉林出版集团有限责任公司

地址/长春市人民大街4646号 邮编/130021

电话/0431-86037503 传真/0431-86037589

印刷 / 三河市金兆印刷装订有限公司

版次 /2011 年 4 月第 1 版 2022 年 1 月第 5 次印刷

开本/640mm×920mm 1/16

印张/9 字数/30千

书号/ISBN 978-7-5463-4965-7

定价/34.80元

## 编委会

# 关于《中国文化知识读本》

文化是一种社会现象，是人类物质文明和精神文明有机融合的产物；同时又是一种历史现象，是社会的历史沉积。当今世界，随着经济全球化进程的加快，人们也越来越重视本民族的文化。我们只有加强对本民族文化的继承和创新，才能更好地弘扬民族精神，增强民族凝聚力。历史经验告诉我们，任何一个民族要想屹立于世界民族之林，必须具有自尊、自信、自强的民族意识。文化是维系一个民族生存和发展的强大动力。一个民族的存在依赖文化，文化的解体就是一个民族的消亡。

随着我国综合国力的日益强大，广大民众对重塑民族自尊心和自豪感的愿望日益迫切。作为民族大家庭中的一员，将源远流长、博大精深的中国文化继承并传播给广大群众，特别是青年一代，是我们出版人义不容辞的责任。

《中国文化知识读本》是由吉林出版集团有限责任公司和吉林文史出版社组织国内知名专家学者编写的一套旨在传播中华五千年优秀传统文化，提高全民文化修养的大型知识读本。该书在深入挖掘和整理中华优秀传统文化成果的同时，结合社会发展，注入了时代精神。书中优美生动的文字、简明通俗的语言、图文并茂的形式，把中国文化中的物态文化、制度文化、行为文化、精神文化等知识要点全面展示给读者。点点滴滴的文化知识仿佛繁星，组成了灿烂辉煌的中国文化的天穹。

希望本书能为弘扬中华五千年优秀传统文化、增强各民族团结、构建社会主义和谐社会尽一份绵薄之力，也坚信我们的中华民族一定能够早日实现伟大复兴！

# 目录

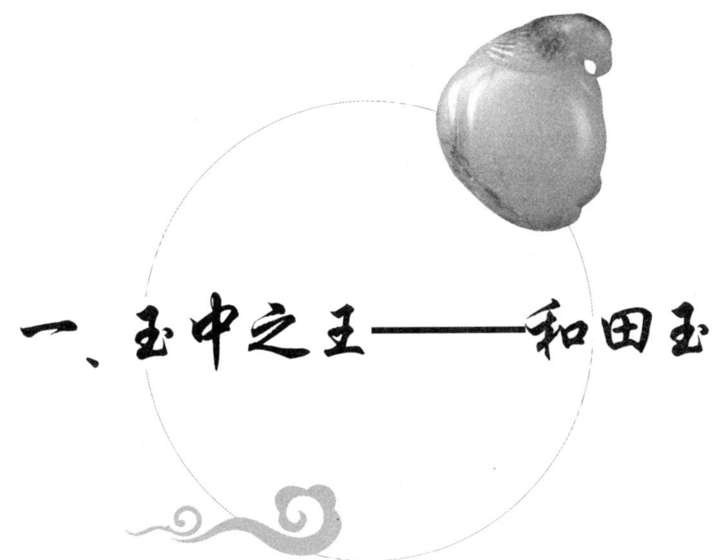

# 一、玉中之王——和田玉

博大精深的玉文化是中国传统文化的重要组成部分，是在近万年的发展演变过程中逐步形成的。独特的玉石文化保持着及其旺盛的生命力，同时被赋予了越来越多的文化内涵，其影响是世界上任何文化都难以比拟的，其地位在中国人心中也是不可低估的。中国玉器以其7000年的历史，与中国的瓷器和丝绸一样，成为我国古老文化的重要标志之一，在全世界都享有很高的盛誉，堪称东方艺术。

中国一向素有“玉石王国”的美誉，不但开采历史悠久，储量丰富，而且分布地域也比较广。从古至今最为著名的就是新疆和田玉、河南独山玉、辽宁岫玉和湖北绿松石，被誉为“中国四大玉石”。

中国和田玉的开发与利用，历史悠久，源远流长。和田玉所制成的玉器，具有浓厚的中国味和鲜明的民族特色，是中华民族文化宝库中的珍贵遗产和艺术瑰宝。和田玉是中国古代玉器原料的重要来源，历代皇室都爱用和田玉碾器，古代丝绸之路就是最早的玉石之路又向西延伸而成的。

## (一) 和田玉的历史

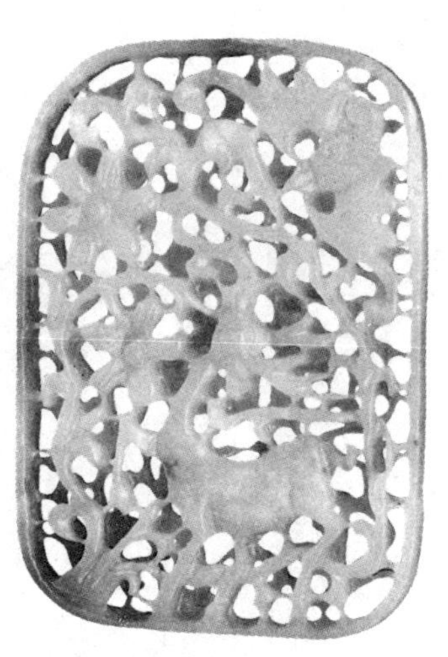

和田玉在我国至少有7000年的历史，是我国玉文化的主体，是中华民族文化宝库中的珍贵遗产和艺术瑰宝，中国是世界历史上唯一将玉与人性化相融的国家。中国人对和田玉的应用可以追溯到新石器时代。和田玉因盛产于新疆南部而得名，和田在古代被称为“于阗”，藏语翻译过来就是“产玉石的地方”。在古代，昆仑山是“万山之祖”“群玉之山”，不但高大雄伟还盛产美玉，因此受到了极大崇拜。传说中华民族的祖先——黄帝的都邑就在昆仑山上，山上不但有壮丽的宫阙、奇花异木和珍禽怪兽，还有长生不老的灵芝草和诸仙食用的玉。这一奇妙而美丽的神话世界，引发了后人极大的兴趣与无限的崇敬之情。

中国的古代文献中把昆仑山称之为“群玉之山”或“万山之祖”。《千字文》

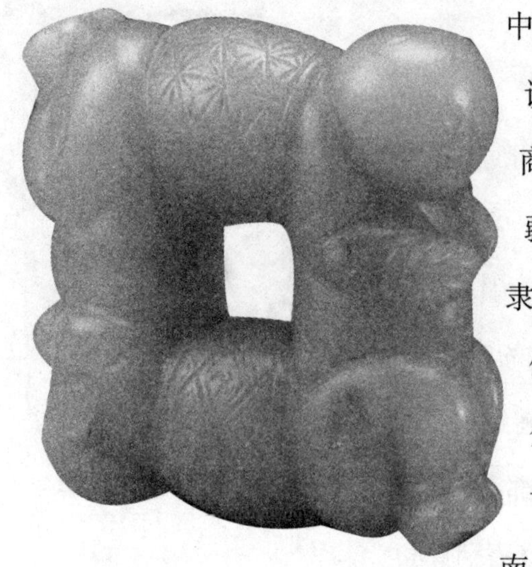

中也有“金生丽水，玉石昆仑”之说。早在3600年到3100年前的商代，和田玉已经从遥远的新疆到了商殷王都河南安阳。奴隶主贵族以用和田玉为荣，生前佩带，死后同葬。用玉之多十分惊人。新疆的和田玉要经过甘肃、陕西或山西才能到达河南。很明显，原始社会开拓的玉石之路，这时已经比较完善了。这个时候玉石之路更向西延伸到了中亚地区。据前苏联乌兹别克史的记载，早在公元前2000年时，就已经有新疆的碧玉在那里出现，可能就是从新疆的北麓远运而去。大约4000年前的这条西去玉石之路，早于以后的丝绸之路1600年左右，是中国通往中亚的一条很古老的道路。

3000年前的西周时代，新疆输入的和田玉已经成为周王朝王公大臣生活中不可缺少的部分，不论是祭祀、朝见皇帝，还是进行各种礼仪，都必须用到玉，并且有着一套非常完整的规定。这时候经过几千年的历史沉淀，中国的玉文化已经基本成型了。开采、雕琢、使用玉器在中国已经有万余年的历史，在上古国家成型的初期，玉器一直作为重要的祭器和瑞器出现，被我们的先民视做与神明祖先沟通的媒介，这种玉制礼器的传统，在夏、商、周时期，又得到进一步的发展，因此才会在长期的历史中形成了全民爱玉、尊玉的民族心理。

在先秦古籍，如《尚书》《古本竹书纪年》《尔雅》《管子》《吕氏春秋》《九章》中，都记载了昆仑所产的美玉。战国到两

汉是和田玉使用的第一个高潮期，不仅用量大增，用玉的阶层也越来越广泛。汉代中央政府统治西域，推动了和田玉的生产与输往内地。《汉书·西域传》称鄯善出玉，于阗、子合出玉石，莎车出青玉。汉武帝时，汉朝的使者已亲临和田，并把采集的和田玉带回内地。三国以前，由于战乱的影响，玉器发展进入低潮。晋室南渡，中原与西域交通更加困难，也阻碍了和田玉的输出。隋唐时期，和田玉的开采继续见

于史籍记载。不过，从文献记载来看，和田玉以及和田玉的输入在隋唐时期并不兴旺。宋代使用和田玉的规模超过了唐代。先后统治中国北方的辽金两朝，继承并发展了用玉的传统。元代初期，中央政府直接控制和田玉的开采。元中期以后，察合台汗国控制今新疆地区，和田玉或者通过商人贩入内地，或者由西北宗王进贡。元朝的琢玉工匠亦多，仅大都南城就有百余户聚居。明朝的势力在西域仅及哈密，玉石产地和田、莎车先后属于东察合台汗国和叶尔羌汗国统治，和田玉输往内地的首要渠道仍然是朝贡贸易。清代是中国玉器发展的鼎盛时期，和田玉大规模输出。

玉文化作为中国文明的一个重要组

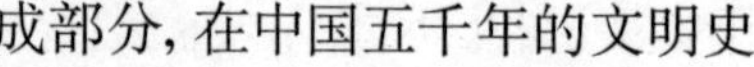

成部分，在中国五千年的文明史中有着无法估量的深远影响。中国和田玉历史悠久，蜚声中外，和田玉制品闪耀着“东方艺术”的光辉。中国历代琳琅满目的和田玉精品，既是中华民族灿烂文化的组成部分，也是人类艺术史上的辉煌成就。是全中国人民的骄傲，是中华民族的象征，也是中国之国石。

## （二）和田玉的开采

在几千年的历史发展进程中，和田玉的开采方法由简单到复杂，由单一方法发展为多种方法。最初，人们在河边拾起美丽的和田玉，后来又在河流中捞取那卵圆形的籽玉，从而早期河流冲积物中的美玉就在河谷的阶地沙砾中挖出，后再沿河追溯发现了生长在岩石里的原生玉矿。因此，古代开采和田玉有拣玉和捞玉、挖玉、攻玉等多种方法，以分别开采产于不同地方的玉石。

拣玉和捞玉是古代开采的主要方法。这种方法就是在河流浅滩和浅水河道中拣玉石、捞玉石。采玉是有季节性的，其主要时节就是秋季与春季。巍巍昆仑山中有许多河流，河水主要依靠山上冰雪融化进行补给。盛夏气温升高，冰雪消融，河水暴涨，流水湍急，此时山上的原生玉矿已经风化，玉石碎块由洪水携带奔流而下，到了低山或山前地带因流速骤减，玉石就堆积在河滩和河床中。秋季气温下降，河水渐落，玉石显露，人们易于发现，此时的气温也比较适宜入水，所以秋季成为人们拣玉和捞玉的主要季节。冬日天气寒冷，河水冻冰，玉石不易被发现，也难以拾捞，因此，冬季一般不采玉。转入春季，冰雪融化，玉石复露出，又成为拣玉和捞玉的好季节。

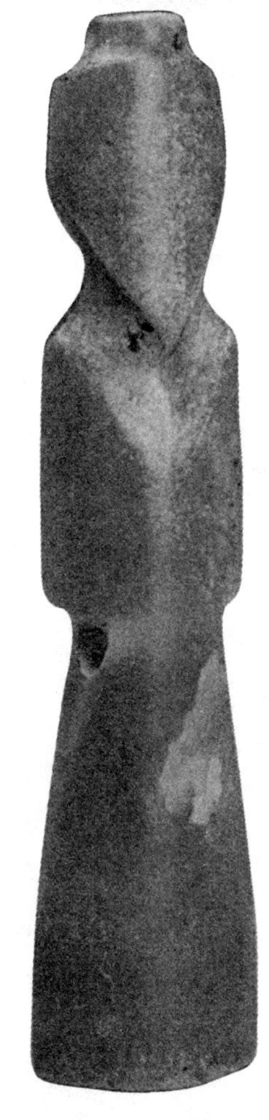

挖玉指的是离开河床在河谷阶地，乾滩、古河道和山前冲积洪积扇上的砾石层中挖寻和田玉砾。这些地方的玉也是由流水带来的，却早已脱离河道。砾石层之上早已有或多或少的沙土覆盖，砾石层中有的已被石膏和泥沙所胶结或半胶结。由于挖玉长时间局限在小范围内，获取率又不高，所付出的艰苦劳动不如拣玉效果明显，因此从事挖玉的人员并不多，只有当某地已有出玉的可靠消息，而且大有希望的时候才会吸引人们去挖玉。

古代攻玉的含义有两种，一种是指加工琢磨玉，而另一种是指开采玉，即开采原生玉矿。开采山玉比采子玉难，玉石在昆仑雪山之巅，交通险阻，高寒缺氧，即使如此，古代人们依旧冒着生命危险，在昆仑山和阿尔金山采玉取宝。

## （三）和田玉的分类

按照和田玉产出和地点分类，自古以来就分为山产和水产两种。明代著名药学家李时珍在《本草纲目》中说："玉有山产、水产两种，各地之玉多产在山上，于阗之玉则在河边。"将水产的叫籽玉，山产的叫宝盖玉，当地采玉者则根据和田玉产出的不同情况，将其分为山料山流水籽玉戈壁玉四种：

山料，又称山玉、碴子玉或叫宝盖玉，指产于山上的原生矿，山料的特点是开采下来的玉石块度大小不一，呈棱角状，良莠不齐，质量常常不如籽玉。有不同玉石品种的山料，如白玉山料、青白玉山料等等。

山流水，名称是由采玉和琢玉的艺人命名，即指原生矿石经风化崩落，并且由河水搬运至河流中上游的玉石。山流水的特点是块度

较大，距原生矿较近，棱角稍微有磨圆，表面比较光滑。

籽玉，又称子玉，子儿料。是指原生矿剥蚀被流水搬运到河流中的玉石。它分布于河床及漫蔓和洪水运动过的洪积层中，玉石裸露于地表或埋于地下。籽玉的特点是块度较小，常为卵形，表面光滑，因为长期搬运、冲刷、分选，所以籽玉一般质量较好。籽玉有各种颜色，白玉籽玉叫白籽玉，青白玉籽玉叫青白玉籽，青玉籽玉叫青玉籽。

戈壁玉，又称戈壁料、风棱玉。是指在戈壁、沙漠中拣到的风蚀形玉料。玉石经地质风化、剥蚀以及经流水分选沉淀下来的优质部分。籽料呈卵状，小块较多。

依据质地颜色的基本色相来分类，可分为白玉、青玉、墨玉、黄玉四类：

白玉。它的颜色由白到青白，多种多样，即使是同一条矿脉，也不尽相同，叫法上也是名目繁多，有鱼肚白、梨花白、季

花白、石蜡白、月白等。白玉是和田玉中特有的高档玉石，块度一般不大。白玉籽在白玉中的算得上是上等材料，颜色越白越好。光滑如卵的纯白玉籽叫“光白籽”，质量特别好。有的白玉籽经氧化表面带有了一定颜色，秋梨色叫“秋梨籽”，虎皮色叫“虎皮籽”，枣色叫“枣皮籽”，都是和田玉名贵品种。白玉按颜色还可分为羊脂玉和青白玉。羊脂玉因色似羊脂，质地细腻，因此得名。“白如截脂”的感觉给人特别滋蕴光润，是白玉籽玉中最好的品种，目前世界上仅新疆有此品种，产出十分稀少，极其名贵。青白玉以白色为基调，在白玉中隐隐闪绿、闪青、闪灰等，常见有葱白、粉青、灰白等，属于白玉与青玉的过渡品种，这个在和田玉中是较为常见的。

青玉。它的颜色由淡青色到深青色，有时呈现绿带灰色。颜色的种类很多，古籍记载有虾子青、鼻涕青、蟹壳青、竹叶青等等。现代以颜色深浅不同，也有淡青、深青、碧青、灰青、深灰青等等之分。和田玉中青玉最多，常见大块者。

墨玉。它的颜色是由墨色到淡黑色，

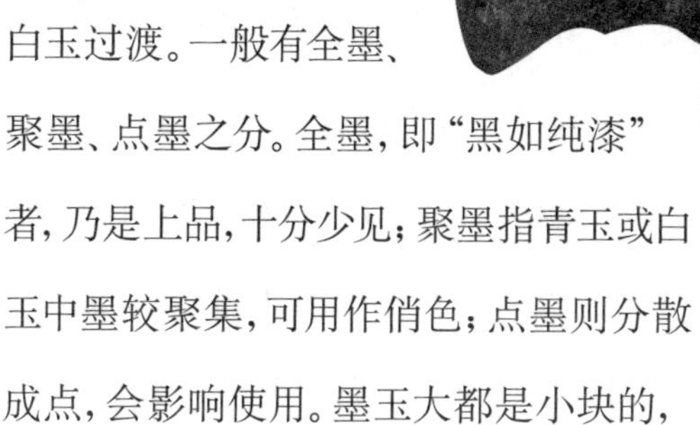

其墨色多为斑点、云雾状条带状等。工艺名称繁多，有乌云片、淡墨光、金貂须、美人须、纯漆黑等。在整块玉料中，墨的程度强弱不同，深淡分布不均，多见于与青玉、白玉过渡。一般有全墨、聚墨、点墨之分。全墨，即“黑如纯漆”者，乃是上品，十分少见；聚墨指青玉或白玉中墨较聚集，可用作俏色；点墨则分散成点，会影响使用。墨玉大都是小块的，其黑色皆因含较多的细微石墨鳞片所致。

黄玉。它的颜色由淡黄到深黄色，黄色是因含氧化铁所致，有黄花黄、鸡蛋黄、栗黄、秋葵黄、虎皮黄等颜色。古人以“黄如蒸梨”者为最好。黄玉十分罕见，在几千年探玉史上，仅偶尔见到，质优者价值不次于羊脂玉。

## （四）和田玉的产地

和田玉的产地主要在中国新疆和青海。

中国是和田玉的著名产出国之一，而中国和田玉又主要产于新疆，新疆的和田玉主要产于昆仑山、天山和阿尔金山三大地区。和田地区是新疆产和田玉的主要地区，东起且末，西至塔什库尔干，在长达1200公里的昆仑山脉和有关的河流河床中，已发现和田玉矿点二十多处，构成了中国和田玉的重要矿带。这里产出的和田玉供应全国各地玉器厂，特别是该地的羊脂玉供不应求。天山地区的和田玉为碧玉，因其产在玛纳斯县境内，故称“玛纳斯碧

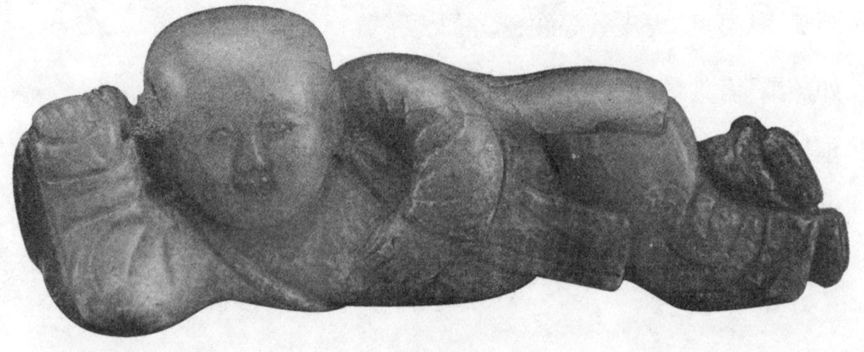

玉”。碧玉产于北天山超基性岩带上，碧玉呈绿色，块状，质地非常坚韧细腻，组成矿物属透闪石——阳起石系列。阿尔金山地区产出的和田玉，现在称“金山玉”。这个区除了产出少量的青玉外，主要是碧玉，碧玉性质与玛纳斯碧玉十分相似。矿体产于超基性岩体中，主要由含铁的透闪石矿物组成。

青海和田玉矿位于格尔木市，地处昆仑山的南麓，昆仑山由新疆、西藏入青海、四川，在新疆、青海境内有3000多公里长，平均海拔5600米左右。与新疆和田玉同处于一个成矿带上，昆仑山之东为青海玉，山之北为和田玉，两者相距直线距离不过300公里，所以昆仑玉与和田玉在物质组合、产状、结构构造特征上大体都相同。

和田玉矿由镁质大理岩与中酸性岩浆接触交代而形成的软玉矿，是典型的接触交代成矿作用的产物，矿体呈透镜状、肠状以及块状。和田玉有绿花玉、绿斑玉、青白玉，因为其结构微细，呈致密块状，显得其油脂光泽。青海的白玉和青白玉成为现在玉器市场的重要原料。

## （五）和田玉的特征

和田玉的特征是从它的硬度、韧性、透明度、光泽和体重方面来体现的。

在硬度方面来看，硬度是鉴定和田玉的重要标志之一。矿物的硬度是矿物抵抗其他物体侵入的一种力学性质。通常表示硬度会有两种方法：一种是相对硬度，或称摩氏硬度，是一种刻划硬度；另一种是绝对硬度，亦叫压入硬度。是根据矿物表面上能够承受的重量来测定的。和田玉的摩氏硬度约为6.5度，不同品种略有区别。一般来说青玉硬度稍大于白玉。珠宝业中一般把硬度作为划分宝石和玉石的一个重要标志。宝石硬度一般在摩氏7度以上，玉石硬度一般在摩氏4—7度，摩氏

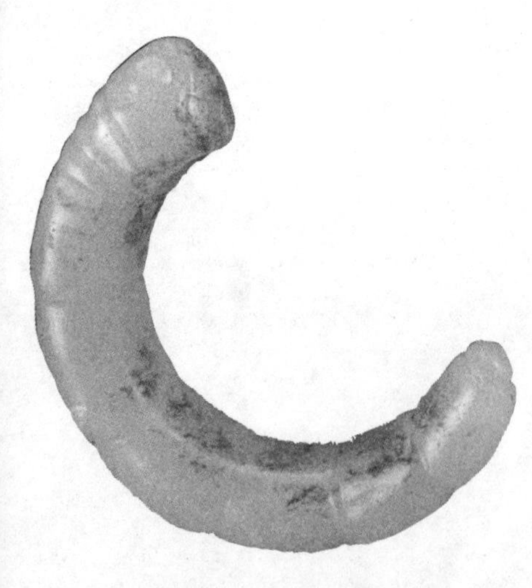

4度以下通常称为彩石或雕刻石。硬度较大，抛光性好，能使玉器发亮，同时也便于保存。

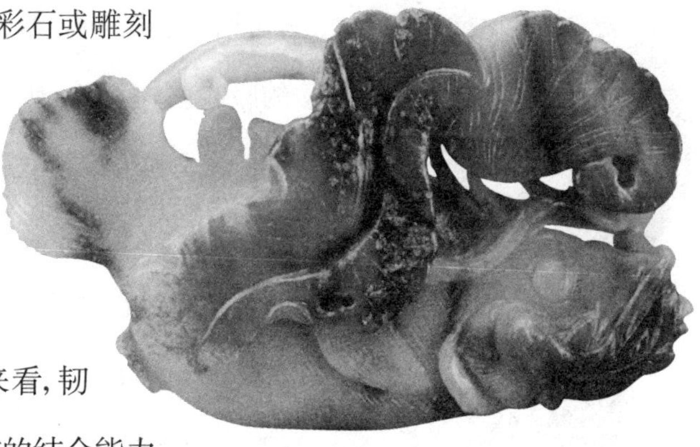

在韧性方面来看，韧性通常是玉石内在的结合能力，也就是对外界压力或破碎力的抵抗能力。韧性大的特点是不易破碎、耐磨损。世界上韧性最大的矿物是黑金刚石，如以黑金刚石为10度，其他宝玉石的韧性相对为：玉为9度（和田玉）；翡翠、红宝石、蓝宝石为8度；金刚石、水晶、海蓝宝石为7—7.5度等。如果和田玉韧性为1000，那么其他矿物或岩石的韧性相对为：硬玉（翡翠）500度；蛇纹石250度等。软玉韧性很大，而这一特点是其他玉石所没有的。和田玉韧性大，可以作细工工艺，琢玉妙手可对和田玉进行精工细琢，而不易损坏。

在透明度方面来看，透明度是玉石允

许可见光透过的程度，这主要与玉石对光的吸收强弱有关，矿物学上一般分为透明、半透明、不透明三种。玉石行业中对透明度看得比较重要，有专门用语，透明度好的叫“水头足”“地子灵”或“坑灵”；透明度差的叫“没水头”“地子闷”“坑闷”。 鉴定透光度要把玉磨光，在一定厚度下（玉器产品）看透视其他物体情况，分透明体、半透明体、微透明体、非透明体等四个级别。和田玉属于微透明体，在一般进取度下，能透过光，但看不清透过物像。

在光泽方面来看，光泽是玉石对光反射的能力。和田玉光泽属油脂光泽。古人称和田玉“温润而泽”，就是它的光泽带有很强的油脂性，给人以滋润的感觉。这种光泽非常柔和，不是很强也不很弱，既没有强光的晶灵感，也没有弱光的蜡质感，使人看了舒服，摸着润美。一般来讲，玉的质地越纯，光泽越好，杂质如果很多，光泽就会很弱。羊脂玉就因如羊的脂肪而得名,光泽很好,特别滋润,非常珍贵。当然,光泽在某种程度上还取决于抛光的程度。

在体重方面来看,体重是玉石单位体积的重量。和田玉的体重经常用小体重样测定,为2.66至2.976g。不同品种则略有差别,白玉为2.922g,青白玉为2.976g,墨玉为2.66g。一般白玉体重小于青或青白玉,墨玉因含有较轻的石墨鳞片而体重较小。

## (六)和田玉的鉴别

和田玉成品鉴定虽然可以借助于现代各类先进的科学技术方法与手段,然而对于和田玉成品,特别是珍贵的古玉文物,不但要求作无损检测,而且许多价值连城的文物不

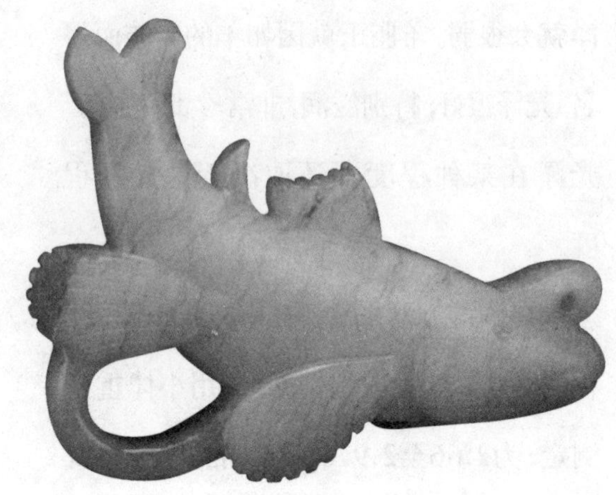

方便送到实验室检测，这些客观存在的问题为和田玉成品的鉴定带来了诸多困难。因此，在利用现代化技术手段检测的同时，还得借助中国传统的鉴别经验。现代科学的鉴定方法犹如西医，中国传统的鉴别方法犹如中医，将两者密切结合起来，才会起到事半功倍的效果。

从目前市场的情况看，和田玉成品的鉴别应包括下列两方面内容：一是与相似玉石的鉴别，这是主要的；二是产地鉴别。目前市场上存在青海软玉和俄罗斯软玉冒充和田玉的实际情况，因此，要设法将不同产地的和田玉鉴别出来。

与相似玉石材料的鉴定，在各种玉石中，与和田玉相似的玉石材料较多，主要的品种有石英岩玉(京白玉)、汉白玉、岫玉、玉髓和玻璃等。这些材料与和田玉的外观有时十分相似，但其物理性质存在明显差异。因此，只要用仪器测出它们的物理特征，鉴别就基本解决了，但是在某些情况下，要测定上述物理性质存在较大困难，而只有依靠建立在扎实宝石学基础上的肉眼鉴别方法。以下作简要介绍。

石英岩玉。与和田玉最为相似的石英岩玉是白色石英岩，也称京白玉。在肉眼鉴别中软玉与京白玉有如下区别：

和田玉为油脂光泽，京白玉呈玻璃光泽。和田玉为较细的纤维状、毛毡状结构，十分细腻，而京白玉具粒状结构。和田玉的透明度低于京白玉。同样大小的制品，用手掂，和田玉较重，京白玉较轻。

岫玉。一般呈黄绿色，容易仿冒软玉的也常常是黄绿色的软玉。在肉眼鉴别

中两者的主要区别在于：和田玉为油脂光泽，岫玉为蜡状光泽。和田玉透明度一般低于岫玉。和田玉的硬度大于岫玉，因此岫玉制品更易被磨损，从而暴露出能鉴别它的特征。和田玉制品往往颜色单一，而大块的岫玉制品可出现灰、黑、黄绿等几种颜色间杂的现象。

玉髓。绿色和白色玉髓与绿色和白色软玉的外观较为相似。在肉眼鉴别中两者的区别在于：和田玉为油脂光泽，玉髓为玻璃光泽。和田玉透明度远低于玉髓。和田玉的密度大于玉髓，因此同样大小的制品用手掂时，和田玉较重，玉髓较轻。

西峡玉。是一种蚀变超基性岩，主要分布于河南省西峡县。西峡玉发现于20世纪60年代，到70年代才有少量开采，现在年产量已达几千吨，主要销往北京、广东、河南、辽宁等地。西峡玉主要矿物成分蛇纹石占80%，其次为磁铁矿、透闪石、阳起石及少量方解石，质地细腻致密，硬

度3—5，微透明至半透明，乳白色，油脂光泽或玻璃光泽，密度2.7左右，块度大，裂纹少，玉石外有黄色、褐色、红色的石皮。

目前在网上和古玩市场上西峡玉经常被用来冒充和田玉，具有很大的欺骗性，如何来区别西峡玉和和田玉呢?只要掌握下面几个要点还是很容易区别的：西峡玉比较细腻，没有玉花，有时可见块状、团状棉絮，和田玉肉眼可以看到细密的小云片状、云雾状结构的玉花。白色的西峡玉是有点发灰的苍白色，夹杂的其他颜色比较鲜艳，黄色、褐色、红色的石皮经常被用来冒充和田玉籽料，皮色显得很嫩很均匀。西峡玉透光观测时，显得很沉闷，透光性较差。和田玉透光观测时感觉比较明亮，但又不是很透明，这是由于软玉的内部结构比较特殊，光线在和田玉的内部发生了漫射。西峡玉的硬度比和田玉的稍低，硬度3—5，和田玉硬度6. 5左右，玻璃的硬度为5，西峡玉虽然能刻划玻璃，但其表面有时会留下伤痕，而和田玉绝对不会。西峡玉表面虽很细腻，但用10—20倍的放大镜观察，就会发现有细小凹陷的麻点，而和田玉有凹陷有凸起，有时还可以看到打磨遗留下来的顺着一个方向的纹路。

玻璃，仿和田玉的玻璃常常是白色玻

璃，在玉器市场及旧货市场上都较为常见。肉眼鉴别特征是仿玉玻璃往往是乳白色，半透明至不透明，常含有大小不等的气泡。由于硬度较低，密度和折射率也更小，因此，玻璃更易被磨损，手掂也较轻。

不同产地和田玉的鉴别：

不同产地的和田玉，由于其成因、形成条件等方面存在差异，造成和田玉的质量也存在一定差异，加上传统玉文化的沉淀不同，使不同产地的和田玉客观上存在较

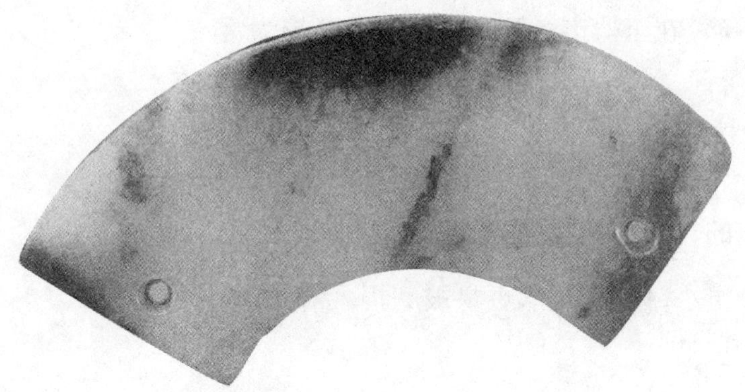

大的价值差异。从目前和田玉市场的实际情况看，以新疆和田玉价格最高，其次是俄罗斯软玉，再次是青海软玉。因此，存在将不同产地的和田玉鉴别出来的客观需要。和田玉和俄罗斯软玉、青海软玉三者在矿层中同处一脉，矿物结构十分接近，因而在玉的外观上有时很难区分。但仔细辨别，它们还是各有不同，俄罗斯软玉透明度不及和田玉，细腻程度也稍逊于和田玉，温润感不足，油性较差，比和田玉略显干涩。青海软玉比和田玉更透明，而油润、细腻等方面又比和田玉稍差，因而显得凝重感明显不足。和田玉外观上介于俄罗斯软玉和青海软玉之间而显得恰到好处，细腻，润泽，有油性，透明度适中。但不同产地软玉的差别主要表现在内部结构和其微量成分方面，因此，准确的鉴别必须依赖于先进仪器。

机器工和手工的鉴别，一般情况下只有规整玉料运用电脑雕刻，因为形状不规整很难用电脑排版进行加工，所以市场上的比较常见的是玉牌一类规整玉器，机器工也就限于玉牌了。要区别玉牌是否是机器工也很简单，机器工非常完美，几乎没有什么毛病，线条异常流畅，字体极其工整，但缺乏的是工艺师特有的灵气。还有最重要一点，电脑打磨出来的底面异常平整，手工是做不到的。可见机器工制作的东西基本上是瞒不过人的，哪怕后期再用手工故意做出

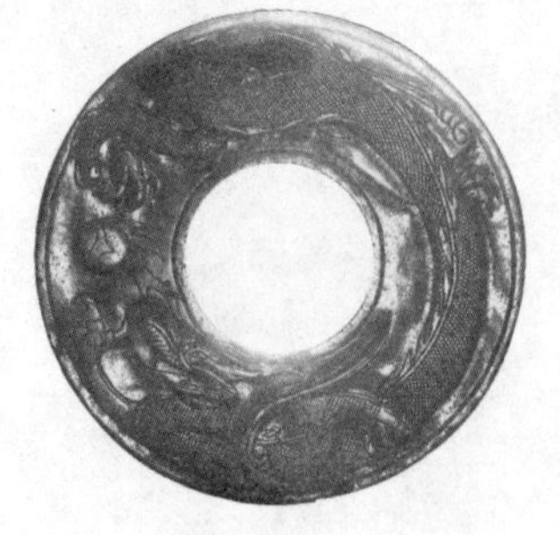

痕迹。

和田玉假皮色的鉴别：磨光料加假皮色，第一眼就看到那颜色太不自然了。最多的是橘红色，这类料籽基本没有汗毛孔，料子也透(青海料居多)。大多为磨光料上色，非和田玉。一般玩家都可以分辨得出，卖家不会在行家面前拿出来。

次品籽料加假皮色，把质量不好很难出手的低档籽料做出假皮色出售，买家会以汗毛孔等方法分辨出是否是籽料，从而被艳丽的皮色所吸引。所以这样要比没皮色时的垃圾料容易出手得多，且价格不低。皮色较第一种自然。可也难不倒有经验的买家。这类假皮色浮于表面，分布有层次，经常会做出很自然的撒金皮、枣红皮等高档皮色。但可以根据有沁色的地方和外延的色差来辨别。

山料滚成籽料模样加假皮色，一般体现为大件，有时候我们会看见肉质较好的材料，重量都在1kg以上，可是上了假皮。本来那块料就可以卖上好价钱，但是为什么卖家还会上假皮呢?可能希望卖上更高的价钱。做这类假皮只是一种障眼法，把行家里手的注意力转移到皮上，使其疏忽了料子的真假，其实这种所谓的籽料是由山料或山流水模仿籽料的样子切割、雕琢，可以说是以假乱真。特别是在卖家那种日光灯下更难辨别。

皮上加假皮色，这类假皮一般做在上等籽料上，在本身带皮，皮色不艳丽的情况下在自然皮上加色，从而达到皮色鲜艳，价格翻倍的效果，也可称为加强皮色。这类假皮色层次分明，有真有假，极难分辨。或许可以带些84洗涤液反复擦洗，不过现在做假皮的原料更新更快，不是所有假皮都可以用84洗涤液洗掉的。有时行家里手都会被这些皮子所迷惑，举棋不定。

用矿物质做物理假皮色，这类假皮属于高级做法，只会运用到高档籽料上，一

般为羊脂级的。利用生成籽料皮的天然矿物质用一种独特的配方缩短皮子形成时间，在很短时间里使材料上形成想要的各种皮色和沁色，如果说前几种皮子还可以用84洗涤液或其他洗涤用品辨别的话，这种皮子用此办法就难以辨别了。

最后总结一点，皮色只会出现在肉质最不紧密的地方，因为在河水冲刷玉体的过程中矿物质只会吸附在肉质较松的玉沁或肉纹里，再向周围扩散。真正细密到家的料子是不会有艳丽皮色的。所以如果一块肉质极细密、无伤无沁的上等羊脂玉出现艳丽皮色的话就要仔细观察了，皮色底下的肉是否有形成皮子的条件。

不同点在于真皮无色，真皮的色是从玉里透出来的，真皮不管它是什么颜色，玉工雕玉时琢下来的玉粉都是白色的，而染色的假皮则浮于表面、色凝凹处，磨下的玉粉是带色的。一件带皮籽料是否为真皮，玉工最清楚。

## （七）和田玉的保养

收藏和赏玩和田玉的人都像爱护孩童一样精心养护自己的美玉。赏玩和田玉有许多禁忌，需要留心，以免伤了美玉。

避免与硬物碰撞，玉石硬度虽高，但是受碰撞后很容易开裂，有时虽然用肉眼看不出裂纹，其实内部的结构已受破坏，有暗裂纹，这就大大损害了其完美程度和经济价值。

尽可能避免灰尘，玉器表面若有灰尘的话，宜用软毛刷清洁；若有污垢或油渍等附着于玉器表面，应以温的淡肥皂水洗刷，再用清水冲净。切忌使用化学除油剂。如果是雕刻十分精致的玉器，灰尘长期没有得到清除，则可请生产玉器的专业厂商清洗和保养。

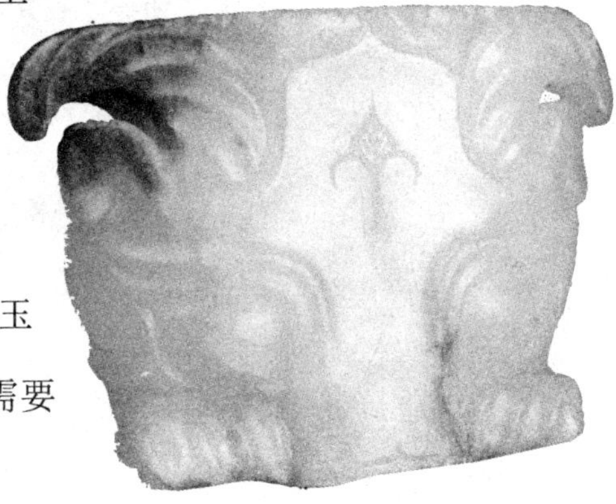

尽量避免与香水接触，籽玉和古玉有一个转化的过程，需要

人的体温帮助，汗液会使它更透亮，所以籽玉和古玉可与汗液多接触，因为人的汗液里含有盐分、挥发性脂肪酸等，可使籽玉和古玉表面脱胎换骨，愈来愈温润。而新加工的玉器接触太多的汗液，却会使外层受损，影响其原有的鲜艳度，尤其是羊脂白玉雕琢的器物，更忌汗和油脂。很多人以为和田玉愈多接触人体愈好，其实这是一种误解。羊脂白玉若过多接触汗液，则容易变成淡黄色，最好是将其放进首饰袋或首饰盒内，以免擦花或碰损。如果是高档的软玉首饰，切勿放置在柜面上，以免积尘垢，影响透亮度。

挂件清洁方法得当要用清洁、柔软的白布抹拭，不宜使用染色布或纤维质硬的布料。

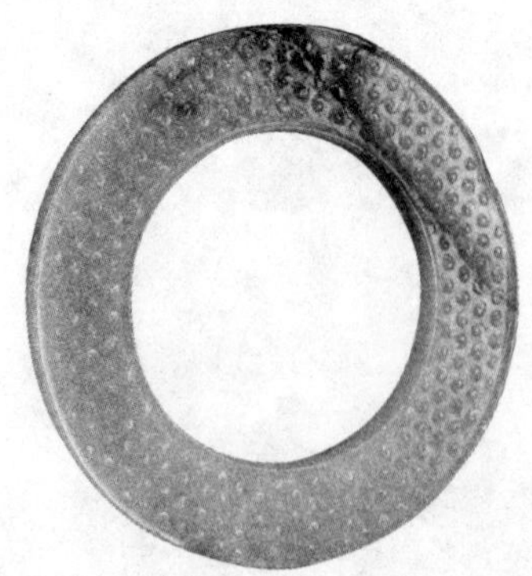

和田玉玉器存放要求合适的环境条件，要求适宜的湿度和温度来维持，不合适的湿度和温度会影响和田玉玉器的艺术价值和经济价值。

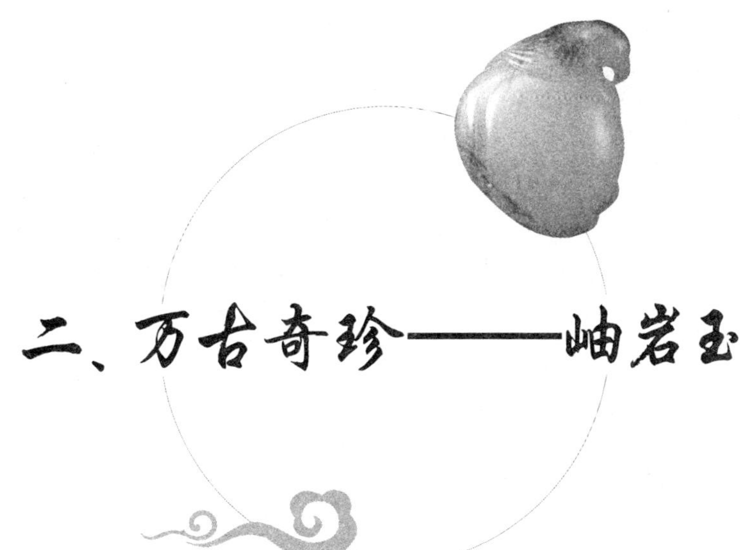

# 二、万古奇珍——岫岩玉

“天下之美玉为先，中华美玉出岫岩”。岫岩玉发现于远古，流传于历代，兴盛于当世，堪称华夏瑰宝，万古奇珍。玉出万年，源远流长。岫岩玉始终绵延不绝，流布甚广，传承有绪，借鉴南方工艺精华，熔铸北方治玉特色，开创了独具一格的鼎盛发展局面，成为中国玉雕艺苑中的一枝奇葩。

## (一)岫岩玉的历史

岫玉为中国著名的四大古玉之一。岫玉,又名岫岩玉,俗称新山玉,因盛产于我国辽宁省的岫岩县而得名。至今尚未见到确切文献资料记载岫岩玉是从何时起被人类发现并使用。依据东北旧石器文化遗址、新石器时代红山文化遗址、太湖流域新石器时代良渚文化遗址以及其他地区原始文化遗址中出土的古玉器中,有许多是取材于岫岩玉这一点作出了推断,岫岩玉的发现和利用,至少在距今八千多年以前的旧石器晚期就已经开始了。

在新石器时代,中国玉器的制作和使用已进入开始阶段。在各地新石器文化遗址出土的文物中,拥有大量的玉器,但出土玉器最为丰富、玉器制作成就最辉煌的是红山文化和良渚文化,尤其以红山文化最

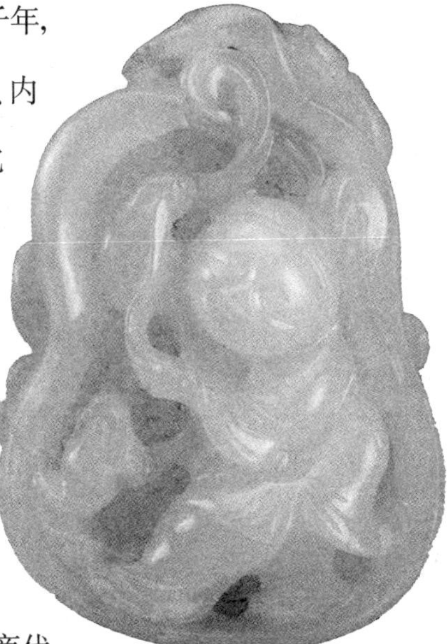

为突出。红山文化距今约六千年至五千年，分布的区域包括辽宁、吉林、黑龙江、内蒙古东部及河北部分地区，是我国北方新石器时代文化中最重要的文化之一。仅就红山文化出土的中华第一玉龙、玉猪龙等几件具有特殊重要意义的玉器，就说明了岫岩玉在红山文化中的重要地位和影响。殷商古玉，多出土于殷墟，其中以妇好墓玉器为代表。妇好墓出土玉器是商代最重要的一批玉器，代表了商代玉器的风格。经鉴定，这750多件玉器，其中有40多件取材于岫岩玉，且多被用作佩玉和用具。这充分说明，殷商时期，岫岩玉成为王室用玉。商代用玉量十分大，到底制造了多少玉器，不得而知。《逸周书》中说纣王以4000件玉器殉葬，又说"武王伐纣掳获商王的旧玉亿有百万"，其中无疑有大量的岫玉。

春秋时期，玉器出现了由礼器转向佩饰器的趋向，出土的这一时期的玉器，以河

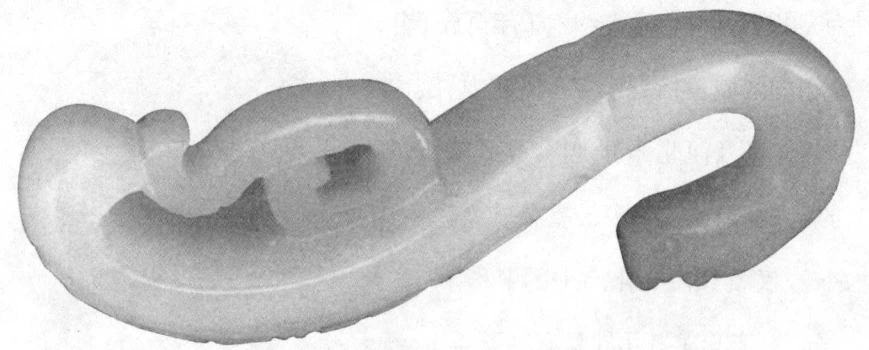

南光山县黄君孟墓等最为重要。在战国中山国王墓出土的古玉器中,也有许多是岫岩玉。

1968年,河北满城汉墓出土了西汉中山靖王刘胜及王后窦绾的两套金缕玉衣,距今两千多年。金缕玉衣的出土,轰动了世界,被称为“中国古代艺术的瑰宝”。经鉴定,金缕玉衣所用玉片,多取材于岫玉。金缕玉衣的出土,证明了岫岩玉的开发在汉代仍有相当规模,并被王室大量使用。

东晋时的龙头龟钮玉印,南北朝时的兽形玉镇等,都以岫岩玉雕琢而成。

汉代以后,由于“丝绸之路”打通,新疆所产和田玉大量输入中原和内地,同岫岩玉平分秋色,同时由于东北地区多种少数民族割据政权的存在，使岫岩玉的开发和利用受到阻碍和限制，岫岩玉的使用量相对减少。但唐代以后的古玉中，仍不乏岫岩玉。

历史进入清代，中国的玉器发展到鼎盛时期，尤其是清盛世的康熙、乾隆朝，更以玉为重。由于国家的统一和社会的安定，再加之岫岩县处于东北清王朝的发祥之地，于是岫岩玉迅速进入了较大规模的开发时期。清咸丰七年(1857年)所修《岫岩志略》载：岫岩石(岫玉)“石具五色，坚似玉……邑北瓦沟诸山多有之。道光初年，偶有玉工采制图章诸文具稍供清玩，后遂盛行于都市。好古之家，每雅意购求，往来士大夫亦必充囊盈箧，争出新式，分赠知交，以为琼瑶之报”。由此不难看出岫岩玉一度消沉又崛起后，便迅速盛行于世，受到人们的珍爱。

至于清代以前岫岩玉的开采情况，因无文字记载，我们已无从得知，但在现今岫

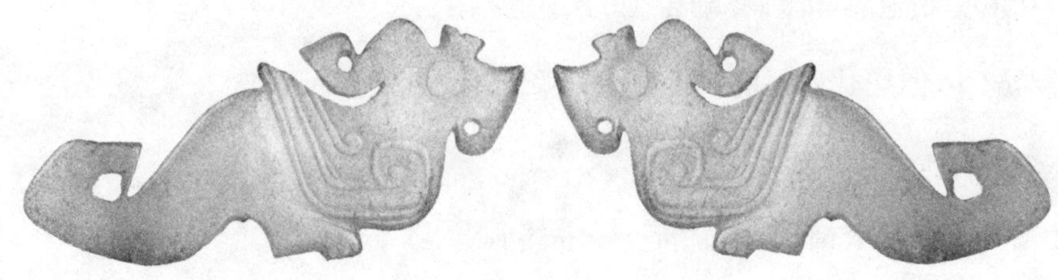

岩玉的两处主要产地(辽宁省岫岩满族自治县的哈达碑瓦沟、偏岭细玉沟)都曾发现过古玉矿遗迹。1957年，在瓦沟上场子曾发现一处斜井式古玉矿，斜井内有向四面八方呈辐射状伸展的矿洞，人称“蝙蝠洞”，洞内遗留有陶碗等物。遗憾的是遗址现场未能保留下来，给岫岩玉开发的考古勘察带来困难。同年，在细玉沟(老玉产地)严家岗也发现一处露天古玉矿，矿坑中有已呈炭化的松树明子(松脂)。此外，据有关史料载，瓦沟荒沟东沟矿区，就是清同治十二年 (1873年) 一王姓人沿着古矿坑遗迹发掘发现并开采形成的。上述情况证明，至少在清代以前岫岩玉就已形成了矿山并已进入较大规模的开采，同时还掌握了斜井开采技术。

由于岫岩玉被大规模开采，越来越受珍爱，知名度也越来越高，关内的一些优秀玉雕匠人慕名而来，纷纷到岫岩落脚以琢玉为生。他们先是在岫玉产地瓦沟一带开设玉器作坊，后来又向岫岩县城发展。岫岩的西大街，因遍布玉器作坊，成为当时的玉雕一条街，故一度被呼为“玉石街”。新中国成立后，特别是改革开放以来，驰名世界、资源丰厚的岫玉的开发备受关注和重视，其规模、质量和影响，都达到了空前的程度。目前，在岫岩玉产地辽宁省岫岩县，已形成全国最大的玉石矿山，年产量已达数千吨，占全国玉石用料的70%以上，在各玉种中独占鳌头。除历史悠久的著名老玉雕厂家外，20世纪80年代以来，集体、合资、个体玉雕厂点遍地开花，全县从事玉石加工的企业多达3070余家，全县50万人口中，有近6万人从事玉石加工、销

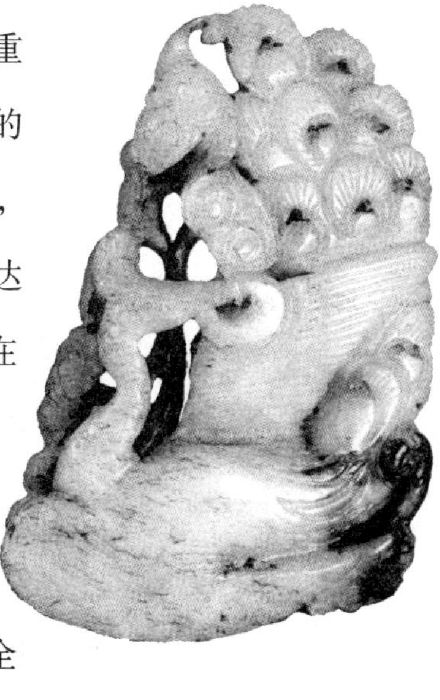

售或与其相关的产业。与此同时,玉雕高手辈出,工艺愈加完美,精品、珍品迭出。随着岫玉知名度的提高,岫玉愈来愈被世人认识和垂青。尤其是国宝玉石王被雕成天下第一玉佛后,名声更是大震,影响日益深广,价值难以估量。目前,除在国外和外省市的岫玉专业市场外,仅在岫岩,就相继建起了“荷花市场”“玉都”“东北玉器交易中心”“中国玉雕精品工艺园”“万润玉雕工艺园”等玉器专业市场。其中仿欧式的中国玉雕精品工艺园,无论建筑规模、藏品数量、档次,都堪称中国乃至世界之最。岫岩玉工艺品日益走俏港、澳、台地区,在日本、韩国、东南亚地区广有好评,更远销欧美一百多个国家和地区。尤其是以岫玉创制的系列保健品,风行全国,并走向国际,更为岫岩玉的发展开辟了新的途径，中国岫岩玉的发展前景不可限量!

## （二）岫岩玉的分类

岫岩玉物质成分比较复杂，它的物理性质、工艺美术特征等也多有差别，因此它并不是一个单一的玉种。

依照矿物成分的不同，可将岫岩玉分为蛇纹石玉、透闪石玉、蛇纹石玉和透闪石玉混合体三种，其中以蛇纹石玉为主。透闪石玉主要由透闪石组成，绿泥石玉主要由叶绿泥石组成。通过显微镜、透射电子显微镜、X射线衍射分析、差热分析等手段观察可将岫岩玉分段划分为蛇纹玉、花色玉、绿泥玉三种。

蛇纹玉的矿物成分也不尽一致，例如：绿色蛇纹玉，主要由

利蛇纹石组成；黄色蛇纹玉，主要由利蛇纹石组成，也含有纤蛇纹石、叶蛇纹石；白色蛇纹玉，主要由叶蛇纹石组成。

花色玉可分为花斑玉、花玉两种：花斑玉是指其白色中有较多的绿色斑块，绿斑块由叶绿泥石组成，白色部分为透闪石。花玉是指其白色中有灰、黑、蓝紫色斑带，这种斑带由黑色矿物和菱镁矿组成，白色部分则为叶蛇纹石。

绿泥玉呈墨绿、绿、浅绿色，主要由淡斜绿泥石组成。

由于不同的矿物成分、粒度大小、成因以及共生关系等方面的差异，因而岫岩玉的玉石结构也颇有特色。根据偏光显微镜的观察，其中最重要的是细均粒变晶结构，如蛇纹石玉的纤维鳞片变晶结构、透闪石的纤维柱状变晶结构、绿泥石玉的鳞片变晶结构等。依据电子显微镜的观察，岫岩玉主要

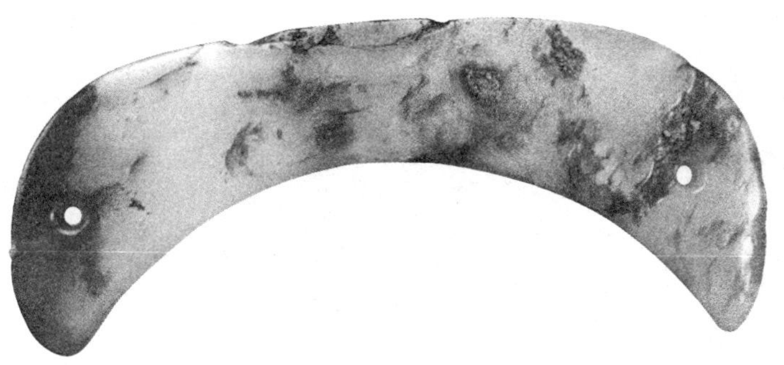

为交织结构，其中的矿物相互穿插、交叉和镶嵌。如果这种结构发育得越好，矿物质粒度愈细愈均一，则岫岩玉的硬度就越大。岫岩玉的构造主要为致密块状，优质玉石尤其如此。那些呈脉状穿插构造、片状构造、碎裂构造的玉石，质地较差或完全不符合质量要求。

在化学成分方面，由于岫岩玉中不同玉种的矿物组成及其共生组合的不同，因而其化学成分也有较大的差别，蛇纹石由于与之共生的脉石矿的不同，因而化学成分也有所不同。一般质纯的蛇纹石玉的化学成分常接近蛇纹石矿物各种分组的理论含量，而共生有较多脉石矿物的质地较差的蛇纹石玉各种组分的含量则变化较

大。至于岫岩玉中的微量元素，蛇纹石玉以近矿的蛇纹岩、菱镁岩含硼高10—20倍为特点。在其他可以检出的微量元素中，明显大于克拉克值的有砷、锑、镉、锗、银、锌，其含量与近矿围岩相近。总的变化趋势是，硼、铬、铜、锌的含量从矿体向围岩逐渐降低，其中明显地小于克拉值的是铬少三倍，镍少1倍，钴少1倍。

岫岩玉的颜色有深绿、绿、浅绿、黄绿、灰绿、黄褐、棕褐、暗红、蜡黄、白、黄白、绿白、灰白、黑等色。如此丰富多彩颜色，常常使岫岩玉有着极其美丽的“巧色”。颜色的深浅与铁含量的多少有关，含铁多时一般色深，反之则色浅。玉石还有强烈的蜡状光泽、玻璃光泽，有的显现油脂光泽；微透明至半透明，少数透明。其透明度与矿物成分和化学成分有关。当岫岩玉全部由蛇纹石组成时，它的透明度就高。如果其中有杂质含量达到5%—10%，则透明度差。当岫岩玉中铁、镁含量高时，其透明度往往较差；反之则透明度会增高。它的折射率1.49至1.57。硬度为4.8至5.5，密度为2.45至2.48g/cm。研究表明，岫岩玉的硬度与它本身的结构有关，平行纤维的切面比垂直纤维的切面硬度大。不仅如此，岫岩玉的硬度还与其化学成分有关，如铁的含量愈大，镁的含量愈小，其硬度愈高。在中国的已知玉中，岫岩玉为中档玉石，少数质地特别优良者属于中高档玉石。

## （三）岫岩玉的产地

岫玉因产于“中国玉都”辽宁省岫岩满族自治县而得名，它位于辽东半岛北部腹地，千山山脉东段，隶属于辽宁省鞍山市，东及东南与凤城市、东港市毗邻，西与大石桥市、盖州市为邻，南与庄河市相接，北及西北与辽阳市、海城市接壤。岫岩县是一个山清水秀、物产丰富、藏风聚气的风水宝地。经过千万年的自然演化，凝聚了千万年的日月山川之精华，从而孕育产生了闻名于世的珍品——岫岩玉。

岫岩玉主要分布在岫岩境内哈达碑镇的瓦沟和偏岭镇细玉沟。此外，大房身乡的麻地沟、三家子镇的胡家沟、牧牛乡的荒沟、韭菜沟乡的二道沟、偏岭镇的包家堡子等地也均有储藏。岫岩玉资源储量多，采量大，目前国内玉雕原料70%以上都出自

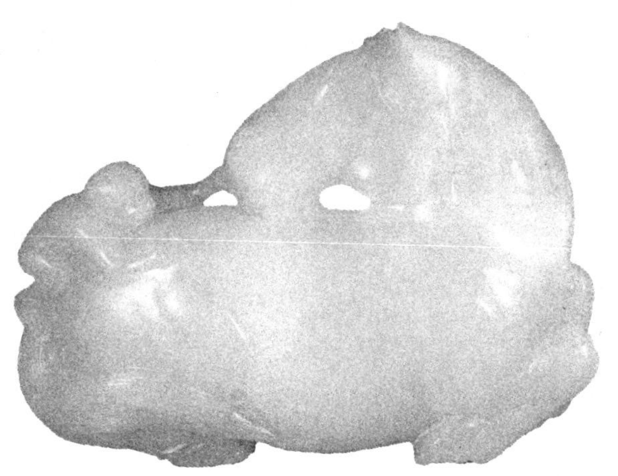

岫岩。经过初步勘测，岫岩玉总储量约为300万吨，其中瓦沟玉储量为176万吨。岫岩玉矿床位于中朝地台辽东台隆，营口一宽甸台拱南侧，三家子家堡复式倒转向斜核部。矿区内古老地层发育，构造复杂，变质作用强烈，为岫岩玉矿床的形成提供了良好的条件。玉石矿体主要成透镜体状，赋存于元古代辽河群大石桥组一套以含镁为特点的碳酸岩盐、钙镁硅酸岩盐和硅酸岩盐的海相沉积岩层中，矿带明显受到一定层位控制。大部分矿带与矿源层平行，部分斜交。辽河群大石桥岩组蛇纹石化菱镁大理岩的东西、北西、北东向层间压扭

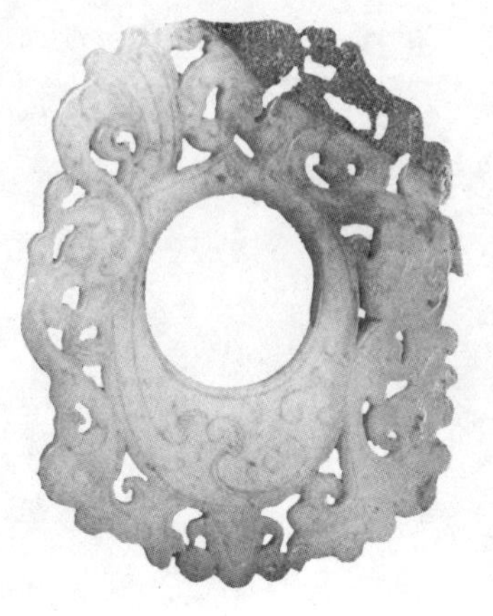

性断裂带，是岫玉控矿和储矿构造。中元古代辽河期片麻状黑云母二长花岗岩及晚期派生的钾长花岗伟晶岩脉是玉石的成矿母岩。玉石矿带矿体沿阳沟岭复式深成黑云母二长花岗岩呈环形带状展布，好似斑状黑云母二长花岗岩与镁质碳酸盐岩接触带为玉石矿体成矿的最佳地段。矿床在成因上属于层控变质热液交代型玉石矿床。

## （四）岫岩玉的特征

多年以来，岫岩玉一直是中国产量最大、应用最广的一种中低档玉石。其特征在化学成分、矿物成分、结构特征、颜色上得以区分。

在化学成分上来看，由于岫岩玉中不同玉种的矿物组成及其共生组合的不同，因而其化学成分也有较大的差别。蛇纹石由于与之共生的脉石矿的不同，由此化学成分也相应不同。一般质地较纯的蛇纹石玉的化学成分常常接近蛇纹石矿物各种组分的理论含量，而共生有较多脉石矿物的质地较差的蛇纹石玉各种组分的含量则变化较大。

在矿物成分上来看，岫岩玉的矿物成分主要蛇纹石为主。在显微镜下，矿石矿物最主要是叶蛇纹石，其次则为利蛇纹石、纤蛇纹石，还有少量的胶蛇纹石。脉石矿物除了蛇纹石外，还有菱镁矿、白云石、透闪石、滑石、硅镁石、橄榄石、透辉石、绿泥石、石英、水镁石、黄铁矿和磁黄铁矿等。但这些脉石矿物不是紧密共生，在不同的部位、不同围岩的矿体中就会有不同的共生脉石矿物。蛇纹石形态多为叶片状、纤维状、鳞片状，颜色为深绿、黑绿、黄绿等各种色调的绿色。常交代菱镁矿、橄榄石，使其成为残余状，并与磁铁矿共生。

在结构特征上来看，结构是岩石中矿物的粒度、形态以及它们之间的相互关系

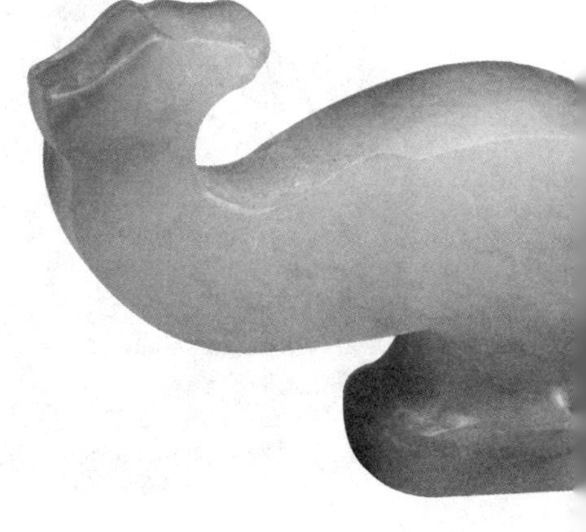

等特征。可以根据偏光显微镜的观察分析，结果表明，岫岩玉具有纤维变晶结构、交代残余结构。纤维变晶结构，由于不同的矿物成分及其成因、粒度大小、共生关系等方面的差异，形成岫岩玉的玉石结构亦颇有特色。叶蛇纹石在镜下为绿至浅绿色、无色，单体呈板条状、叶片状，相互交织在一起而构成的集合体呈毡状结构。有些岫岩玉样品中分布有纤维状透闪石，滑石、且叶蛇纹石与滑石或毛发状透闪石相间平行排列。根据显微镜下特征，初步认为叶蛇纹石可能是交代滑石、透闪石的产物。透闪石有两个世代，第一世代是粗粒结晶的透闪石，具有明显的角闪石式解理夹角及菱形切面；第二世代为毛发状透闪石，与叶纹石相间排列。

玉石结构为典型的鳞片变晶结构。交代残余结构，在岫岩玉中亦普遍发育，其中常见的有交代残余结构、交代环边结构、交代溶

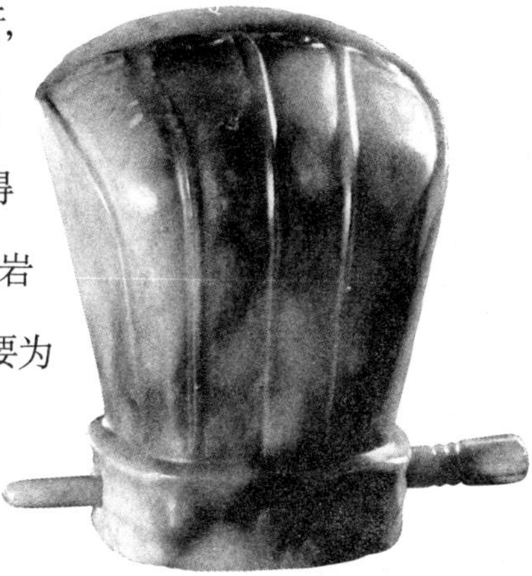

蚀结构等。但据电子显微镜观察分析，岫岩玉主要为交织结构，矿物相互穿插、交叉和镶嵌。这种结构发育得越好，矿物质粒度愈细，愈均一，则岫岩玉的硬度就越大。岫岩玉的构造主要为致密块状，优质玉石尤其如此。那些呈脉状穿插构造、片状构造、碎裂构造的玉石，质地较差或完全不符合质量要求。

在颜色上来看，岫岩玉的颜色主要有深绿色、绿色、油青色、浅绿色、淡绿色、浅黄、红色、棕色、古铜色、红棕色、灰白色、瓷白色以及相应的各种过渡色。由此可将颜色归为几个系列：

绿色系列：深绿色、绿色、油青色、浅绿色、淡绿色。绿色系列的矿物成分主要是叶蛇纹石。

黄色系列：浅黄色、黄色。其矿物成分主要为利蛇纹石。

红色系列：红色、棕色、红棕色。铁含

量越高，颜色越红棕，反之，则浅。沿裂隙或不同矿物成分分界处向内颜色浓度变淡，这种现象的显然是由于颜色向两侧渗透的结果，是氧化或风化作用造成的。总之，红色、红棕色是岫岩玉形成后在氧化环境下造成的，属后生成因。

花色系列：古铜色和其他相应的各种过渡色。斑点状的古铜色岫岩玉是由于玉石中分布有浸染状、斑点状、网状的磁黄铁矿所致，抛光后玉石中的磁黄铁矿呈古铜色闪烁，异常漂亮，未抛光部位或抛光面以下的磁黄铁矿由于不透光而呈现黑色。星点状金黄色岫玉是由黄铁矿所致。黄铁矿在玉石中呈浸染状分布，抛光面上呈淡的金黄色，以与磁黄铁矿相区别。不过，在玉石标本上大多数的黄铁矿被氧化成褐铁矿，它们常常围绕黄铁矿颗粒向四处扩散，而显现出团块状、斑块状，对玉石的颜色质量影响颇

大。局部的黄铁矿风化后流失而留下许多麻点状的空洞，也影响了玉石的质量。

白色系列：灰白色、瓷白色。灰白色岫岩玉是由于含蔗渣状透闪石或滑石所致，它们往往大致平行排列沿一定方向夹于玉石中，也有的呈斑杂状、团块状、棉絮状分布在玉石中，在透射光下呈浑浊不清的棉絮状灰白色或蔗渣状白色，从而大大降低了玉石的颜色质量。瓷白色的岫玉是碳酸盐矿物所致，是残留在玉石中未变质的矿物，其含量越多，瓷白色就越明显，瓷状断口也越发明显。

## （五）岫岩玉的鉴定

岫玉具有独特的带黄的绿色，但也有白、黄、黑绿等色，蜡状玻璃光泽，半透明或微透明，质地细腻，手摸具滑感，肉眼或在10倍放大镜下，常见白色棉柳。和岫玉较为相似的玉石有翡翠、软玉、密玉、葡萄石等，但它们的外观差别较大,物理性质亦明显不同,只要稍加注意,区别它们是比较容易的。

岫玉与仿制品的鉴别:

在市场上能成为岫玉仿制品的主要有玻璃、玉髓、大理石等。黄绿色的玻璃从表面上看易与岫玉相混,但仔细观察后,你会发现玻璃制品的光泽较强,硬度较大,破口为贝壳状,内部经常会观察到气泡,而真正的岫岩玉没有。

玉髓的硬度一般要大于岫玉,颜色均匀且单一,而岫玉的颜色与玉髓相比要较为丰富些。另外,还有一种淡黄绿色的大理石与岫玉外表极为相似,一不小心就会掉入“表象”的陷阱,这种大理石俗称“巴基斯

坦玉”，通过仔细观察会发现它的结构和颜色呈层状，遇到酸会起泡，而岫玉不会。

## （六）岫岩玉的保养

在岫玉产品的维护保养方面，除了正常的使用之外，还有就是留心岫玉本身的一些特性，比如岫玉器物在使用当中，要留意碗、碟、茶杯等器皿，在其底部尽量放个底垫以防止刮伤。在清洁方面，用正常的湿布拧干即可擦拭，如果有油渍也可以用洗洁精抹除，若遇到保护层有少许刮伤的情况，可自己先倒点水在刮伤处，再用细砂的砂纸轻柔地打磨，然后清洁打蜡，就可以恢复原貌了。

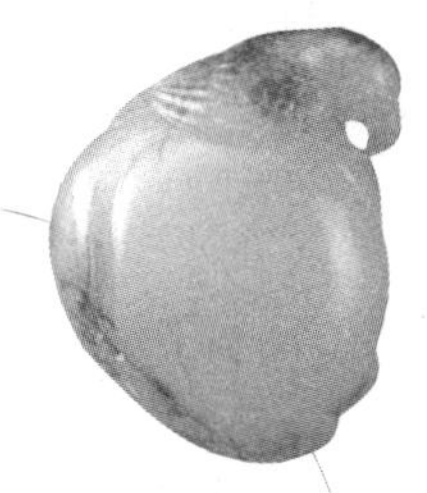

# 三、南阳翡翠——独山玉

独山玉产于河南南阳的独山，也称“南阳玉”或“河南玉”，也有简称为“独玉”的。独山玉由于色泽鲜艳、透明度好等优点，跻身我国“四大名玉”之列。高档独山玉的翠绿色的品种，与缅甸翡翠相似，故有“南阳翡翠”之誉。一般独玉主要用于雕琢各种陈设件以及手镯、戒指、项链等饰物。

### （一）独山玉的历史

独山玉为中国著名的四大古玉之一，因产于河南省南阳市以北约18公里，孤立于南阳盆地之中，高出地面约200米的独山，故称“独山玉”，简称“独玉”。其山的延伸方向为东北—西南，长约2至2．5公里，宽约1至1．5公里。就是这么一座孤山，竟为中华民族古老玉雕业的发展和繁荣提供了丰富的玉石资源。

独山玉，又称“南阳玉”，法国学者称之为“南阳翡翠”。独山玉雕，历史悠久，1959年在独山附近的黄山新石器时代遗址出产的玉铲，证明早在五千余年

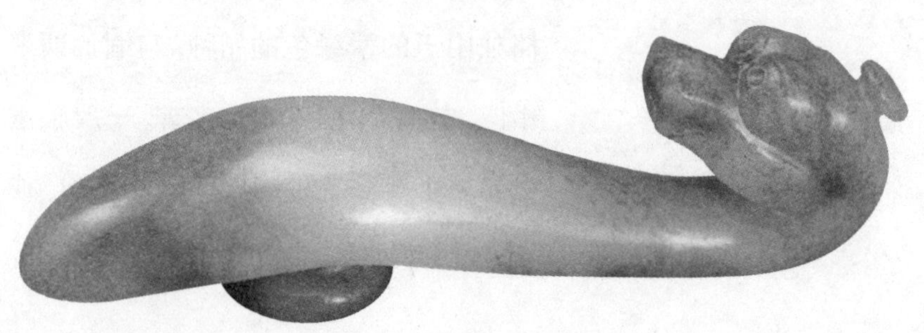

前先民们已认识和使用了独山玉。因为独山玉最突出的特点是多色，商代工匠注意利用一块玉石上所具有的各种颜色的天然色斑——“俏色”，据此精心设计，巧妙安排，在不同色斑上雕刻出相应的生动活泼的景物，从而使整块玉石发挥出更大的作用，这就是由商代发明流传千秋的“俏色玉雕”。1975年冬天，在安阳小屯村北两处房基遗址内就出土了玉鳖等，有专家考证它们的玉质是独山玉。玉鳖充分利用独山玉的天然色泽和纹理，保留玉料上固有的墨绿色部分，使玉鳖的背甲、双目和足尖为黑色，头、颈、腹部以灰白色相衬，形象生动逼真。这件我国历史上最早的俏色玉雕，对后代玉器制造有深远影响。

《汉书》记载，当时南阳独山称为“玉山”，现在独山脚下的沙岗店村，汉代叫“玉街寺”，它是当时加工、销售独山玉及其工艺品的地方，后来毁于三国战

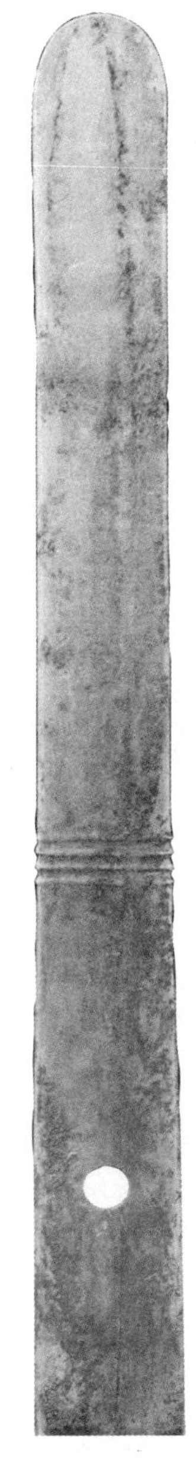

乱。当时这里家家采玉，人人雕琢，南阳城中客商往来如梭，非常热闹繁荣。

三国两晋南北朝时期，玉器发展出现了一个断裂期，独山玉也不例外。只有郦道元《水经注》里记载：“南阳有豫山，山上有碧玉。”宋代在宫廷中设立了“玉院”，这是专门研究玉雕新工艺的地方，琢玉技术有了较大提高。元代民间玉雕业特别发达，玉器流行，并以镶嵌金银不留痕迹著称。金大正三年，镇平(今河南省南阳市镇平县)地域再次置县，命名“镇平”，首任县令是大名鼎鼎的元好问，他经常骑着毛驴，出入“万户柴扉内”，查看“朱砂磨玉矶”。当时，最重要的作品就是独山玉雕成的“渎山大玉海”。

明清时期独山玉雕品种已十分丰富，当时独山玉的采磨十分繁荣，装饰品工艺精细，十分畅销。

到了20世纪初，镇平的玉器作坊主要集中在长春街、察院街一带，大多是前店后作坊，门店经营玉器，后院加工制作。南阳市经营玉器者也是这样，而且还都是镇平籍人。

新中国成立后，1958年建立了“南阳市独山玉矿”，开始了半机械化和机械化的生产，还加强了独山玉的地质调查和科学研究工作，并于1983年10月建立了“南阳宝玉石学会”。在南阳一带的玉石雕刻厂也如雨后春笋般地蓬勃发展起来，玉雕作品主要有人物、花卉、鸟兽、山水、神像、炉熏、首饰等120多个品种。人物类有栩栩如生的历史人物形象、佛像；花鸟类有形态各异的花鸟鱼虫；山水类有造型

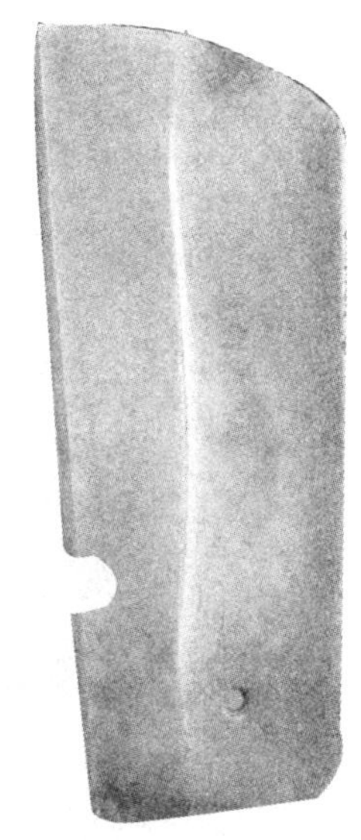

俊美灵秀的山水园林、亭台楼阁；炉熏类有巧夺天工的炉熏鼎塔；首饰类有各种戒指、手镯、项链、挂件等等。此外还开发出茶具、酒具和包括编钟、笛、箫在内的古乐器，丰富了中国玉雕的内涵。

镇平如今已是全国最大的玉雕生产加工集散地，除了独山玉外，其原材料来自全国各地和缅甸、阿富汗等12个国家和地区，从业人员二十多万人，加工企业达四千多家，形成了二十多个各具特色、规模不等的块状加工销售带，年产值达10亿元。镇平县城的玉雕大世界，石佛寺镇的玉雕湾市场、翠玉玛瑙精品市场、榆树庄玉镯市场、贺庄摆件市场等专业玉雕市场在国内外享有盛誉。

## （二）独山玉的分类

独山玉依照颜色可以分成以下类型：

白色独山玉，有透水白色、乳白色和浅粉白色。依据其矿物组成，白色独山玉又次分为水白玉和干白玉。水白玉大都由不规则微细粒斜长石组成，占95%，边缘呈齿状，原生斜长石残体少见。干白玉则由黝帘石和斜长石组成，黝帘石呈柱状和不规则粒状、放射状，多杂乱不均匀分布。另见少量针柱状阳起石、次闪石分布于斜长石颗粒间。

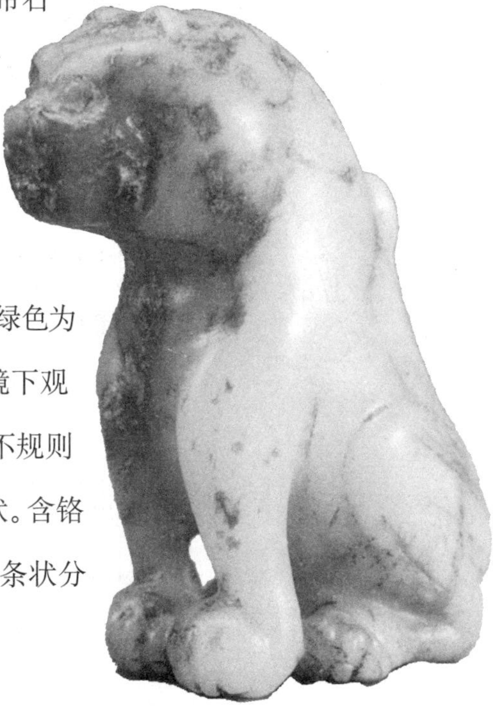

绿色独山玉，以绿色、翠绿色为主，颜色酷似翡翠。在显微镜下观察，斜长石主要为齿形边缘不规则的细小颗粒 ，外形近等轴状。含铬的绢云母呈细小鳞片状、板条状分布于斜长石颗粒间。

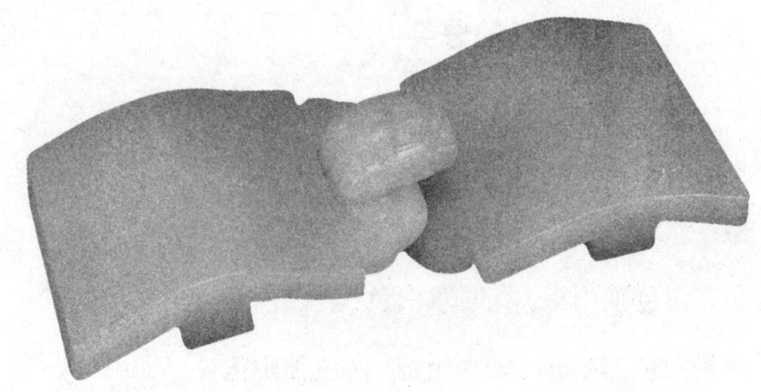

绿白色独山玉，颜色不均匀，有的在绿色的地子上分布着星点状白色斜长石和少量小鳞片状绢云母，有的在白色细小斜长石和黝帘石的地子上分布着不均匀的绿色绿帘石细小颗粒，色彩浓淡相间，其中绿白颜色均匀、粒度均匀、透明度好者也称之为独翠。在显微镜下可见细小颗粒的斜长石呈棱角状、板状分布。绿帘石呈不规则粒状。

黄色独山玉，颜色为黄绿色，色调不均，均为小块，多产于杂玉之中很少单独产出。在显微镜下发现，斜长石与绿帘石和黝帘石的比例均匀，黝帘石多于绿帘石，所以颜色深浅不一，另见少量的榍石和阳起石。

红色独山玉，呈浅粉红色、水红色、肉红色，属强黝帘石化斜长岩，工艺名称为芙蓉玉，微透明，质地较细。在镜下发现，斜长石大部分已被黝帘石代替，仅局部有斜长石残余。

紫色独山玉，颜色为淡紫色至酱色，或在虾肉般的地子上分布有淡紫色斑块。在显微镜下观察发现，斜长石为主要组成矿物，黑云母和白云母占5%，呈细小鳞片状分布于斜长石细脉之间。

黑色独山玉，呈黑色、黑绿色，不透明，颗粒比较粗大，常常为块状、团块状，显微镜下可见0.05至0.10mm的斜长石，占20%，辉石占30%—40%，其余的为透闪石、黝帘石。黑色独山玉是独山玉中最差的品种。

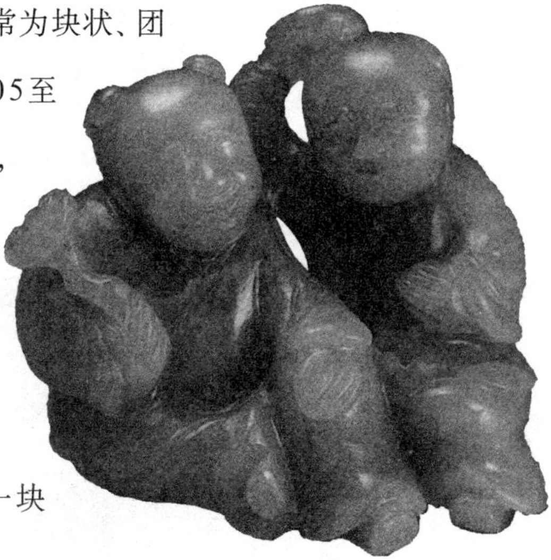

杂色独山玉，在同一块

玉料或成品上出现两种或两种以上的颜色，甚至在一些较大的独山玉原料及雕刻工艺大件上同时出现四五种颜色。杂色独山玉占整个独山玉石矿储量的60%，其主要矿物为斜长石、黝帘石、绿帘石及少量绢云母、金红石、榍石等。

## （三）独山玉的产地

独山玉出产于河南省南阳市东北约10公里的独山矿区，矿区北至小陈庄—大陈庄一线，南抵大山坡，东面界为达士营，西到柳树庄玉矿一带，面积约为2．3平方公里。

独山玉矿区位于我国秦岭复杂造山带的东侧，南临南秦岭造山带，与扬子板块相望，北倚北秦岭造山带与华北板块相接，东南部则为叠置

在秦岭造山带之上的、近东西向展布的大型南阳中新生代沉积断陷。矿区内地层主要有下元古界秦岭岩群、中元古界信阳岩群、下古生界二郎坪岩群及中新生界。构造复杂，褶皱为马山口复式背斜、二郎坪复式向斜的东延部分，构造线方向大体呈330度。断裂的发育，主要有朱阳关—夏馆大断裂、西管庄——镇平大断裂。

独山玉是多期热液作用的产物。根据岩石蚀变特征，说明热液作用普遍存在。优质玉具明显的熔蚀交代结构、交代残余结构。斜长石熔蚀成浑圆状、椭圆状，玉石与辉长岩呈渐变过渡关系，有的接触界限不平直。一些细小颗粒的斜长石，针状次闪石略呈定向分布，斜交或直交脉壁，并可见有斜长石

指向玉脉的流动构造。其流动方向与交接面呈一定角度。多色玉呈现平行脉壁排列的不同颜色的条纹与条带，反映了玉石形成过程中的液态流动作用。所以，热液作用是玉石形成的主导因素。

独山玉除分布于河南南阳以外，在新疆、四川等地也有类似玉石被发现。

## （四）独山玉的特征

独山玉的特征从其化学成分、矿物组成、结构特征以及物理性质等方面去体现。

在化学成分方面来看，不同颜色的独山玉，化学成分是略有差别的。微量的

化学组成变化决定了独山玉的颜色和质地。其主要致色元素为：钛、铁、铬、锰、镍、铜、钒。这些化学元素的含量多少和组合方式，会决定独山玉的颜色，同时也解释了为什么独山玉颜色变化会非常多的特点。

在矿物组成方面来看，独山玉是世界上已知独一无二的蚀变斜长岩构成的玉石。其中组成矿物以斜长石(主要是钙长石)、黝帘石为主，前者一般占20%—90%，后者占5%—70%，此外还有翠绿色的含铬云母5%—15%，以及数量更少的黄绿色角闪石、深绿色绿帘石、褐红色金红石、深褐色榍石、黄褐色褐铁矿等。

正是由于这些不同色泽矿物的共存，才导致了独山玉色泽的复杂性。

在结构特征方面来看，独山玉产于蚀变岩体斜长岩内，岩体90%以上为次闪石化辉长岩，其次为次闪石化辉石岩、斜辉橄榄岩复杂，地质形成条件也不尽相同，所以化学成分变化比较大，闪斜辉斑岩及次闪石化角闪岩，岩体普遍受到碎裂岩化糜棱岩化和强烈蚀变。由于基性斜长岩或辉长岩在低温下，受到沿构造裂隙上来的岩浆晚期热水溶液交代、蚀变等作用形成的，属中温热液矿床，为岩浆期后热液于岩体破碎带中的多期、多阶段的充填及交代作用而形成。

矿体呈脉状产出，次为透镜状、团块状、网脉状和分支脉状。矿体的形成主要受围岩、构造控制，由后期热液交代成矿。玉石结构以熔蚀

交代结构、变余碎斑结构、变余糜棱结构、等粒结构为主，次有碎裂结构、花岗变晶结构、辉长结构等，构造为块状构造，条带与条纹状构造。

在物理性质方面来看，颜色、透明度、光泽、断口、硬度以及密度都影响着独山玉的复杂性。

独山玉的颜色变化非常大，单一色调出现的玉料并不是很多，有白、黄、绿、紫、蓝、等色。其中最为显著的特征就是在同一玉料或成品上能够同时见到多种颜色分布，因此大量的玉材被用于巧色玉雕。独山玉的透明度呈半透明至不透明；拥有着玻璃和蜡状的光泽；断口参差不齐呈粒状或锯齿状；其硬度为6至6．5；其密度为2．73至3．18g/$cm^3$，平均在2．90g/$cm^3$左右。

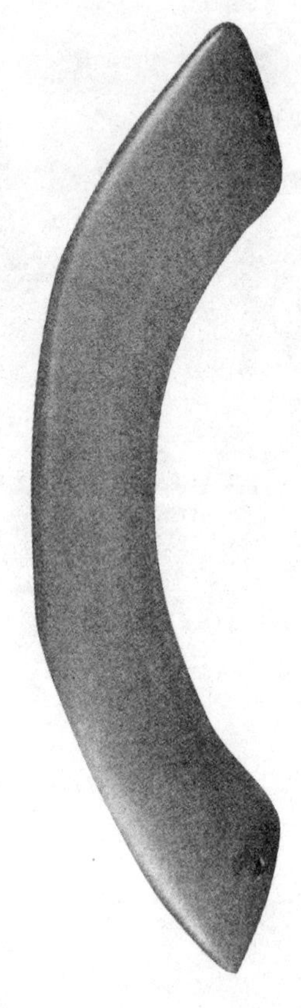

## （五）独山玉的鉴定

独山玉与和田玉相比，硬度为6至6.5，比重3.2至3.9，折射率为1.6至1.64，质地极坚硬细腻，组成矿物为透闪石、阳起石。

独山玉与东陵石相比，硬度为7 比重约2.66，手掂比玛瑙重，性脆，折射折射率1.54至1.55，组成矿物为石英、铬锂云母，颜色很少有与玛瑙相同的条带状结构。

独山玉与岫岩玉相比，硬度为2至6，折射率1.53至1.57，硬度变化大，通常4左右，组成矿物为蛇纹石，颜色很少有与玛瑙相同的条带状结构。

独山玉与玻璃相比，仿玉玻璃的颜色较均匀，并且含有大小不等的气泡，破口为贝壳状，手掂重量较轻。

独山玉与石英岩相比，石英岩为玻璃光泽，颗粒感较强，透明度强于独山玉。

## （六）独山玉的保养

独山玉的颜色非常稳定，在自然状态下存放千年也不会褪色、变色。古人讲养玉，一个“养”字，不仅道出了玉乃有生命的物质，而且内中包含了许多学问。

归纳起来大致有以下要点：

第一，避免与硬物碰撞玉石的硬度虽高，但是受碰撞后很容易裂，有时虽然用肉眼看不出裂纹，其实玉表层内的分子结构已受破坏，有暗裂纹，这就大大损害其完美度和经济价值。

第二，尽可能避免灰尘，日常玉器若有灰尘的话，宜用软毛刷清洁；若有污垢或油渍等附于玉面，应以温淡的肥皂水刷洗，再用清水冲净。切忌使用化学除油污剂液。

第三、佩挂件不用时

要放妥，最好是放进首饰袋或首饰盒内，以免擦花或碰损。

第四，尽量避免与香水、化学剂液、肥皂和人体汗液接触　众所周知汗液带有盐分、挥发性脂肪酸及尿素等，玉器接触太多的汗液佩带后又不即刻抹拭干净，即会受到侵蚀，使外层受损，影响本有的鲜艳度。

第五，避免阳光长期直射，玉器要避免阳光的暴晒，因为玉遇热膨胀，分子体积增大，会影响玉质。

第六，佩挂件要用清洁、柔软的白布抹拭，这样有助保养和维持原质，不宜使用染色布、纤维质硬的布料。

第七，玉器要保持适宜的湿度，玉质要靠一定的湿度来维持，若周围环境不保持一定的湿度，很干燥的话，里面的天然水就容易蒸发，从而失去其收藏的艺术和经济价值。

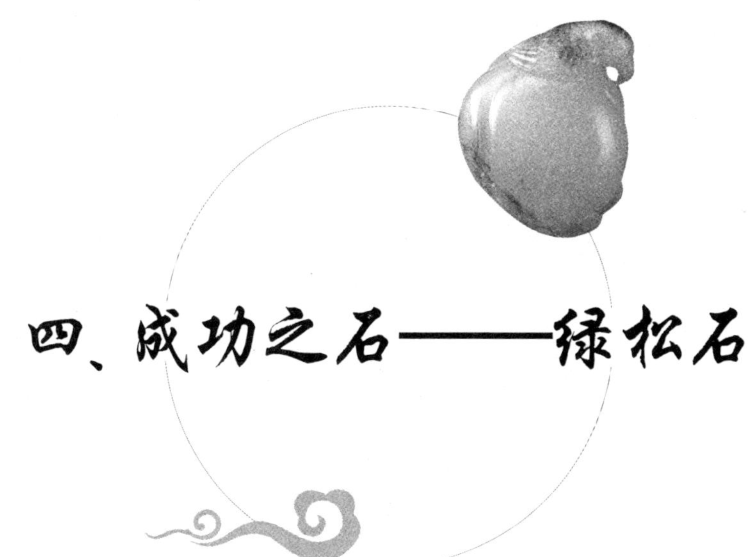

# 四、成功之石——绿松石

绿松石是我国“四大名玉”之一，欧洲人称其为“土耳其玉”或“突厥玉”。绿松石质朴典雅，千百年来受到许多国家的人们的宠爱。埃及人用绿松石雕成爱神来护卫自己的宝库；印第安人认为佩戴绿松石饰物可以避邪和得到神灵的保佑；中国藏族同胞认为绿松石是神的化身，是权力和地位的象征，是最为流行的神圣装饰物，被用于第一个藏王的王冠，当作神

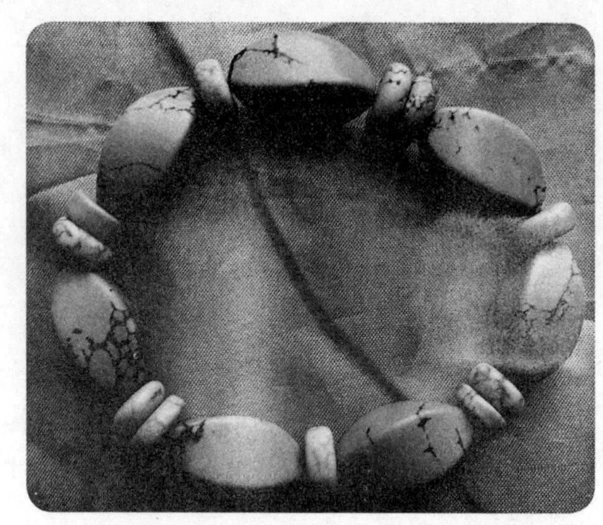

坛供品。绿松石是国内外公认的“十二月生辰石”，代表胜利与成功，有“成功之石”的美誉。

无论何时何地，绿松石那特有的天蓝、碧绿色都会使人心旷神怡，古今中外深受人们青睐，是稀有的宝玉石品种。在古代，它被传奇和宗教所环绕，人们将其作为镇妖、驱魔保平安的神石。在如今，绿松石是一种雅俗共赏的宝玉石。尤其在中东国家、美国西南部、西欧、印度和我国西藏等国家和地区，绿松石久盛不衰。

## (一) 绿松石的历史

人类对绿松石的认识和开发利用具有悠久的历史与光辉灿烂的文化。例如，早在古代“两河流域”，人们就把绿松石视为少见的几种珍宝之一，常将它与青金石媲美。在远古时代，古埃及人就在西奈半岛开采绿松石矿床。那保存在公元前6000年的埃及Zer皇后木乃伊手臂上的4只包金的绿松石手镯被认为是世界上最珍贵的绿松石艺术品，当考古学家于1900年把它们发掘出来时，仍然光辉夺目。古波斯更以盛产绿松石著称，几千年来它一直是世界上优质绿松石的主要供应国，其中以其坯布尼沙普尔所产的优质绿松石最为珍贵。古波斯人相信，在睡眼惺忪中如果首先见到的是绿松石，则他(她)的这一天就会是个吉日，一定有好运气。

在古墨西哥，绿松石被人们视为很神圣的宝物，其制品被用作护身符。据考证，早在公元前600年，墨西哥格雷罗州的梅斯卡拉附近就已经开始使用绿松石。墨西哥国立人类学和历史研究所就在这一地区的墓葬中发现了绿松石。在墨西哥哈利斯科州的图奇特兰附近的竖式墓穴中，发现了公元前300年的非常罕见和珍贵的绿松石。不过，中美洲人真正开始珍视绿松石是在其复杂多样的各种文化出现之后。墨西哥萨卡特卡斯州查尔奇维特地区是中美洲第一个开始大量使用绿松石的地区，其时间是在中美洲文化古典时期的中期，这个中美洲西北部社会正值鼎盛时期，在附近含有孔雀石、蓝铜矿、燧石、辰砂、赤铁矿、自然铜的矿床被广泛开采。大约在公元

700年，出现了大范围内用绿松石进行加工、制作器物的盛况。墨西哥的阿兹特克人常把绿松石用作神圣的偶像、庆典面具和寺庙的供品，上层人土用绿松石制作假牙，埋葬他们首领时则在其口中放一块绿松石。经历史学和社会学的研究发现，绿松石在中美洲社会里不仅是一种极为贵重的宝物，而且在宗教领域和社会生活中还有一种更为深刻的隐喻和意义。人们把贤人哲士的至理名言比作绿松石，进而把绿松石视为高贵的身份和地位的象征，甚至翡翠都不能与绿松石媲美。

北美洲的人们同样把绿松石视为瑰宝。如在美国新墨西哥州圣菲附近的阿兹特克人墓葬里就发现了5万多件绿松石制品，在一件令人惊叹的项链上竟有相同

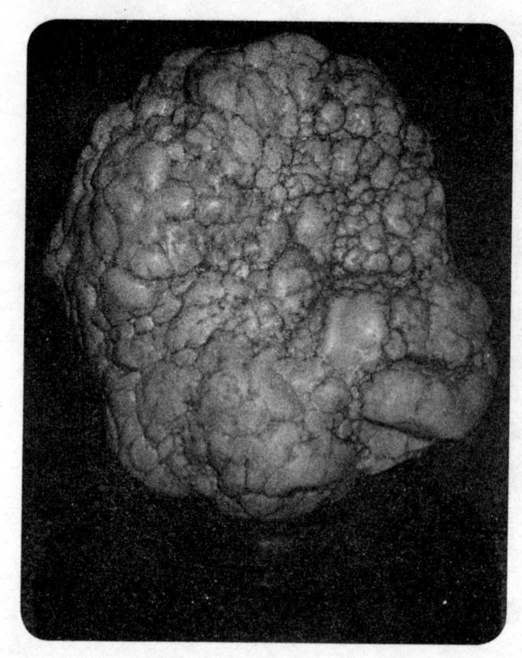

的绿松石珠2500粒。除珠之外，还有垂饰、神物、手镯、脚镯、雕刻品，以及镶嵌绿松石等。在中世纪的德国，绿松石为青年男女订婚时的首选宝玉石珍品。从古至今，虽然许多国家的历史发展，风土民情、人们的习俗和爱好、自然条件、绿松石资源特点和产出状况等不尽相同，但人们都特别喜爱绿松石，而不持偏见，这一点却是相同的。其主要原因是由于绿松石特有的天蓝色，能使人遥念长空，感到胸怀旷达，信心十足。如南美洲大多数部落的人们就一直把绿松石誉为“天空石”，佩戴绿松石饰物就会感到“上天有眼”。灾难来到时，天帝就会助人消灾、化凶为吉、转危为安。

中国历史上，绿松石是应用最早的重

要玉石品种之一。在悠久的文明长河中，先人们以它为材料创造出了光辉灿烂的文化。据科学家们考证，早在原始社会的母系氏族公社时期，妇女们就已开始佩戴用绿松石制作的坠子。在青海大通孙家寨原始社会墓地出土的5000年前的器物中，发现有用绿松石、玛瑙及骨头制作的装饰品。北京故宫博物院收藏有辽河流域新石器时代红山文化遗址出土的公元前3500年的两条绿松石鱼。山东大汶口文化中晚期出土的有镶嵌绿松石的骨雕筒。甘肃民勤出土的有属于夏、商之间的绿松石珠，其大小不等，有孔者多。商代已用绿松石来装饰铜器、漆器和象牙雕刻。河南安阳殷墟妇好墓出土有绿松石蝉和蛙等艺术品。在战国时期达官贵人的衣带钩上、隋朝宫廷里使用的金属器皿上，均有绿松石饰物。这说明那时已有人从事绿松石的雕琢工作，并且已具有一定的工艺水平。

据考证，“绿松石”一名在中国最早见于清代文献，如《清会典图考》载有“皇帝朝珠杂饰，惟天坛用青金石，地坛用琥珀，日坛用珊瑚，月坛用绿松石”。至于中国古代所用绿松石的来源，一方面是从古波斯(现伊朗)绿松石进口；另一方面则开发利用了我国的绿松石资源，如湖北竹山、郧西、郧县的绿松石。

众所周知，在我国的西藏，绿松石至今仍是最为流行的神圣的装饰物，在藏族人民的宗教仪式上，绿松石曾在历史上扮演过重要的角色。

绿松石在中国有着悠久的历史和灿烂的文化，早在新石器时代就已经被先民作为一种美玉广泛应

用。现今，随着人民生活水平的提高，个人财富的不断积累以及现代服饰消费文化的日趋成熟，人们对珠宝的消费观念已经由最初的“保值与显富”发展到“追求品位，崇尚个性”的时候。进入这一阶段后，消费者每年将购买更多数量的首饰，以满足不同季节、时间、场合搭配服装的需求，绿松石正好符合现代消费者需求。

## （二）绿松石的分类

绿松石按照产地划分其品种有湖北绿松石，古称“襄阳甸子”或“荆州石”

者；新疆绿松石，也称“河西甸子”。

绿松石依据其颜色划分，可分为天蓝色绿松石、深蓝色绿松石、浅蓝色绿松石、蓝绿色绿松石、绿色绿松石、黄绿色绿松石、浅绿色绿松石等品种。

按其色泽、透明度、结构以及构造、质地等方面的差异划分为一下几类：

透明绿松石，指透明的绿松石晶体，可用它加工刻面型宝石，已知者重约1克拉，极其罕见。

致密块状绿松石，指色泽艳丽，质地致密、细腻、坚韧、光洁的绿松石块体。为首饰和玉器生产的主要材料，比较常见。

结核状绿松石，指呈球形、椭球形、葡萄形、馒头形、豆形、枕形等形态的绿松石，主要赋存于层间挤压透镜体中，大小悬殊。如中

国湖北等地有之。

瓷松石，指呈纯正的天蓝色，是绿松石中最上品。其质地致密坚韧、破碎后的断口像瓷器的裂口、异常光亮的绿松石。质量好，较常见。

脉状绿松石，指呈脉状、赋存于围岩破碎带中的绿松石，大小不一。在中国湖北等地有之。

斑点状绿松石，指因褐铁矿等物质的存在而出现斑点状、星点状构造的绿松石，一般质量较差。在中国陕西等地有之。

### (三)绿松石的产地

我国是世界上著名的绿松石产地，也是绿松石的主要产出国之一。其资源主要分布于湖北的竹山、郧县、郧西等地，其次为陕西白河、安康、平利，另在新疆、青海、甘肃、河南、安徽、云南等地也发现有绿松石矿床、矿点或矿化现象。

绿松石是含铜的地表水溶液与含铝和磷的岩石相互作用而形成的一种表生玉石，常与褐铁矿、高岭石、蛋白石、玉髓等共生。矿床在成因上属于冷水溶滤裂隙充填型。

目前世界最大的一块绿松石宝石，产于湖北省十堰市郧县海拔1200多米的云盖山上。这块绿松石长82cm，高、宽各29cm，重达66kg，呈蓝、绿色，质地细腻，结构完整。湖北郧阳地区被称为东方的绿宝石之乡，盛产的绿松石料质纯净，色泽艳丽，灿烂夺目，颜色多为天蓝、碧绿、灰蓝、粉绿，极为罕见。郧县云盖山绿松石矿出产的绿松石品味最佳，最为珍贵。

## (四)绿松石的特征

从化学成分上看，绿松石的化学成分是一种含水的铜铝磷酸盐。铜离子决定了绿松石的基本颜色为天蓝色，以不透明的蔚蓝色最具特色。

从结晶习性上看，绿松石单晶体极少见，常见以集合体产出。绿松石在干燥地区以结壳、球葡萄状形式生长，或呈脉状产出，矿脉常产于褐铁矿基质中。

从结构特征上看，绿松石常具下列一些典型结构：其一是在绿色和蓝色基底上可见一些细小的不规则的白色纹理和斑块，它们是由高岭石和石英等白色矿物

聚集而成；其二是常具褐色或褐黑色的纹理和色斑，称铁线，它们是由褐铁矿和炭质物聚集而成；其三是在个别样品中见蓝色的圆形小斑点，它们是绿松石在经沉积过程中形成的。

从物理性质上看，可以从颜色、透明度、光泽等几方面体现其特征。

颜色多是天蓝色、浅蓝色、绿色、带蓝的苍白色。在颜色均一的块体上常有分布不均的白色条纹、斑点或褐黑色铁线。其透明度，可以是微透明的，但多半

是不透明的。其光泽，散发着玻璃光泽到油脂光泽。硬度一般为5—6。密度为2.40至2.90g/cm$^3$，具体取决于产地，一般为2.76g/cm$^3$。许多绿松石依靠树脂增强其坚固性，从而将改变绿松石的密度。绿松石的颜色一般由铜所致色。

绿松石也有缺点，那就是绿松石受热易褪色，也容易受强酸腐蚀变色。此外硬度越低的绿松石孔隙越发达，越具有吸水性和易碎的缺陷，因而油渍、污渍、汗

渍、化妆品、茶水、铁锈等均有可能顺孔隙进入，导致难以去除的色变。绿松石是一种较为娇贵的玉石品种。无论是加工过程，或是使用过程均需倍加爱惜。但只要保持清洁干净，不受高温和强力碰撞，应该不会有问题的。

## （五）绿松石的鉴定

由于绿松石的基本特征具有差异和可变性，与其相似的宝玉石众多，以及人工处理方法的巧妙，所以对绿松石的鉴定并非易事。

天然绿松石不同品种的鉴定：

天然绿松石的标准天蓝色、蜡状光泽、微透明等特征，使有经验的人一眼就会看出它是绿松石。如果在天蓝底色上出现铁线、白脑、筋等异常现象，则更容易识别和确定。如果鉴定工作出现了困难，这时可选用仪器设备进行鉴别，如折射仪、分光镜、查尔斯滤色镜、天平等。在获得一系列基本测试数据之后，就可以对被鉴定的绿松石做出科学的结论。

对按产地的不同而划分的绿松石品种，鉴定者需熟悉和掌握各地绿松石的基本特征及鉴别依据，然后方可对它们进行科学鉴定。例如，中国湖北的绿松石呈天蓝、蔚蓝、翠绿、淡绿等色，显蜡状光泽，微透明，常为瓷状，质地致密细腻坚韧光洁，可具铁线、白

脑、筋等。伊朗的绿松石呈天蓝色，蜡状光泽强烈柔和，透明度较好，质地致密细腻坚韧光洁，孔隙度最小，密度略高，但有些绿松石品种具有典型的黑色蜘蛛网状花纹或铁线花纹特征。美国和墨西哥的绿松石呈苍白、淡蓝色，但也有呈蓝绿、绿蓝色者，孔隙较多；埃及的绿松石因含铁过多，致使其颜色多为蓝绿、黄绿色，在浅的底色上，可出现微小的圆形深蓝色斑点，孔隙较少，比美国的绿松石质地致密。凡此种种，可以将它们彼此区分开。

与相似玉石材料的鉴定，外观上与绿松石相似的天蓝、蔚蓝、绿蓝等色玉石较多，对其科学鉴定通常可根据它们各自在物理性质、化学性质等方面的差异而鉴别之。例如，水铝氟石、磷铝石、天蓝石、硅孔雀石中就有在外观上与绿松石相似者。天蓝色的致密水铝氟石与优质或上等绿松石很相似，且加工后可以抛光得很

好，但它的折射率和硬度均比绿松石低，而密度比绿松石高。天蓝色的致密磷铝石也像绿松石，但它的折射率、硬度、密度等均比绿松石低或略低，且其颜色通常不像绿松石那样蓝，吸收光谱在红色区有两个条带。天蓝、深蓝等色的致密天蓝石同样像绿松石，且其折射率、硬度等与绿松石很相近，但它的密度却明显高于绿松石，透明度也比绿松石高，且不具备绿松石的结构。天蓝色的致密硅孔雀石

也像绿松石，虽然它的折射率与绿松石相近，但它的硬度和密度却明显地低于绿松石。凡此种种，均可以把绿松石和天然玉石区别开。

天然绿松石与合成绿松石的鉴定，从理论上说，合成绿松石在物质成分、内部结构、物理及化学性质、工艺美术性能等基本方面应与天然绿松石相同或很相近。但实际上并非完全如此，因而根据各自在这些方面的差异同样可以将它们区别开。例如，合成绿松石非常纯，不含铁质，没有吸收线；天然绿松石几乎总是含有铁质，有一条弱至中等的深蓝色强吸收线。合成绿松石在50倍放大镜下可以观察到其中的无数挤得很紧的小球粒，而天然绿松石则没有这种结构。

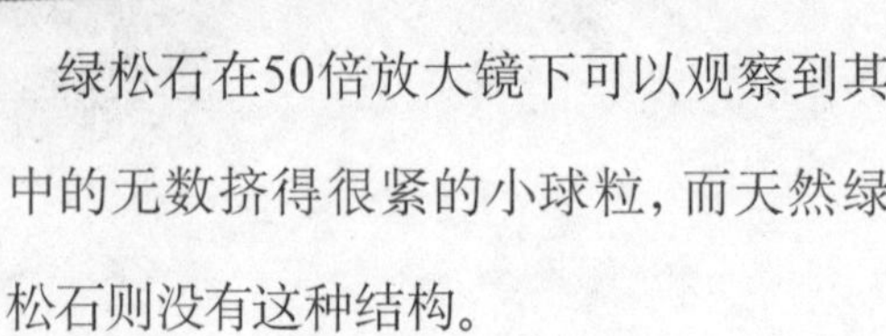

天然绿松右与仿制绿松石的鉴定，仿制绿松石完全是用一些非绿松石材料如蓝铁染骨化石、玻璃、塑料、瓷等制成的绿松石代用品。

蓝铁染骨化石又称“齿胶磷矿”，为动物骨头或牙齿化石，由于受到含铁磷酸盐的浸染而呈蓝色或绿蓝色，它的密度明显高于绿松石，在放大镜下可以见到骨头所特有的蜂窝状结构。

玻璃和塑料仿制品通常在其底子或

基底上呈游涡状色彩，底子的背景可能是粗糙的，而不像多数绿松石所具有的抛光背景。大多数玻璃和塑料仿制品的一个鲜明特征是其断口上显玻璃光泽，而蓝色白垩状绿松石的断口上光泽暗淡，致密细腻坚韧和半透明的绿松石断口上为蜡状光泽或油脂光泽。在10倍放大镜下观察玻璃制品时，可以见到其近表面处的气泡。在玻璃或塑料中的杂质包裹物可以被模仿得很相像，不过这种杂质可以从其表面上清洗掉。而绿松石中的杂质，由于比绿松石本体略硬或略软，所以在其制品的表面上就会略凸或略凹。玻璃或塑料仿制品常有比绿松石低的折射率，但玻璃的密度却明显比绿松石高。玻璃仿制品还可能具有腰带一样的模具印痕，或表面具有半球形小凹槽，这是气泡破裂的结果。瓷仿制品亦具有玻璃光泽，其密度则明显地低于绿松石。

此外，市场上出售的绿松石制品中还

有“粘结绿松石”。它实际上是将天然绿松石的粉末用良好的胶合剂(如塑料等)胶结起来，经过压实和处理而生产出来的质地致密、细腻、坚韧的绿松石材料。用这种材料加工而成的绿松石仿制品与天然绿松石相当相像，一般察觉不出来。但它在较淡的底子上常有带角的蓝色色斑，其硬度、密度均比真正的天然绿松石低，因而亦可将它们区别开。

人工处理绿松石的鉴定，为提高绿松石的价值，使其颜色和致密度更理想，人们采用了各种处理方法对绿松石进行修饰，以增加颜色和减少孔隙，其中比较常用的是充填处理。

注入填充绿松石的材料很多，具体方法也不尽相同。最早人们是用水、脂肪或矿物油等比空气折射率高的材料来填充绿松石的孔隙，由于这

些材料本身就不稳定，目前不再使用。之前人们也用蜡填充绿松石，通常是采用石蜡。首先将松石缓慢干燥，然后保温，在熔化的石蜡中煨透；也有的是将浸有石蜡的松石放在双层汽锅上蒸几天；也有使用真空或者压力而实现这种填充，但必要性不大。再者那些质量差、多孔而不利于加工的绿松石基本上都经过这种填充处理，目的是加大硬度。优质绿松石也要经过这种处理，旨在改进它们的耐久性，防止对化学物质十分敏感的绿松石遇到汗水和化妆品等变色或被损害。无机材料的无色填充也已应用于绿松石。具

体做法是先用硅酸钠溶液浸泡样品，然后用饱和盐酸作用，在孔隙中形成硅胶，通过硅胶在水中的胶体扩散，以实现对孔隙的填充，由于这种方法生成的胶体是白色的，常常使绿松石颜色变浅。为增加颜色，人们采用了一种与无机染色结合的方法，将染料沉淀到绿松石的裂隙中，然后再用无色硅酸盐填充。

充填处理绿松石的鉴别方法有：

充填塑料的多孔绿松石材料可根据它的低折射率和低密度来识别。未经处理的绿松石折射率平均为1.62，密度在2.76g/$cm^3$左右，而塑料处理过的绿松

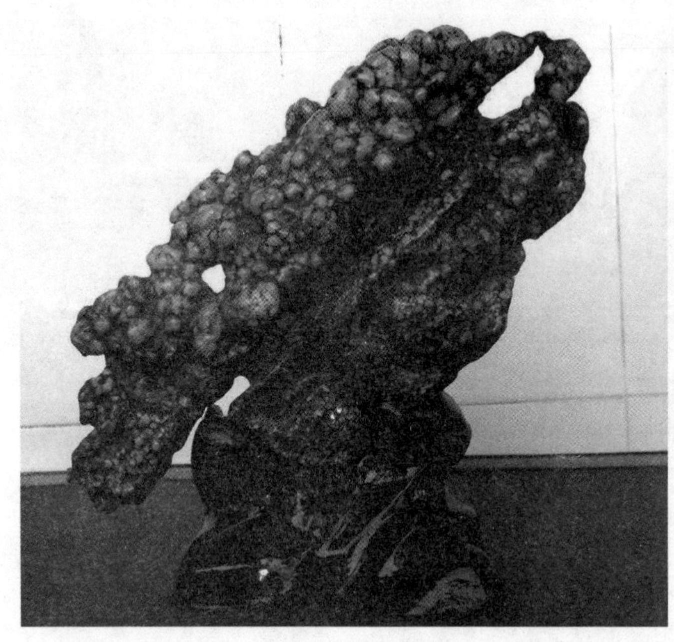

石其折射率1.45—1.56。用一滴氨水滴在一枚绿松石上，如果其蓝色苯胺染料被漂白，绿松石恢复到了原来的颜色，则被测试的绿松石就是染色绿松石。用热针头或由电阻控制的电热针头靠近绿松石，而不要接触它。然后在放大镜或显微镜下观察，如果发现油或蜡熔化和流动，并以珠状的形式渗出绿松石表面，则被测试的绿松石就是注油浸蜡绿松石，塑料充填的绿松石在热探针检查中会发出一种辛辣气味。

硅酸钠(水玻璃)这种方法处理过的材料较难辨认，可根据其2.40至2.70g/cm$^3$的较低密度与未处理过的绿松石区别开来，具有相近外观而未处理的绿松石的密度是2.76g/cm$^3$左右。

除了要进行常规的宝石物理性质测试外，人们还采用了红外光谱和x射线衍射相结合的方法进行鉴定。

## （六）绿松石的保养

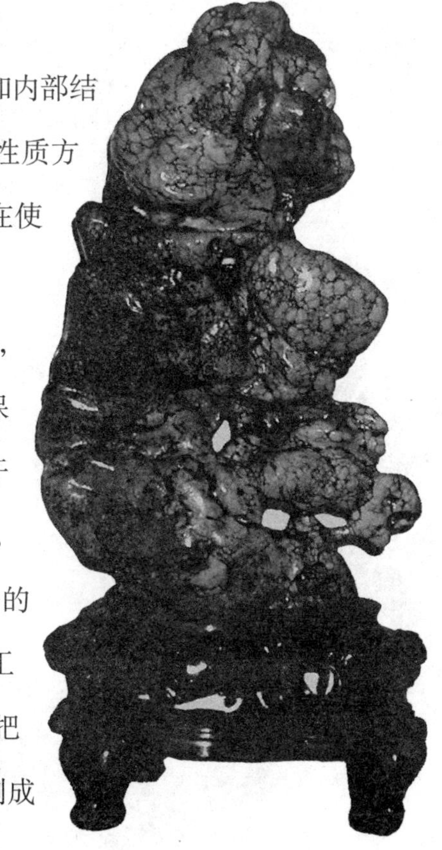

绿松石特有的物质成分和内部结构导致它在物理性质和化学性质方面存在着一定的缺陷，因而在使用和保存时应当注意五点：

绿松石颜色娇嫩，怕污染，故在生产和使用过程必须保持清洁。首先是环境必须干净，切忌将各种污物置于其中，半成品应适时地投放于清净的水里。人的双手和各种加工工具也必须及时清洗，以避免把其半成品或成品弄脏。已经制成

的绿松石艺术品、器物等应避免与肥皂水、洗涤剂、油污、铁锈、茶水及其他带色的物质接触。绿松石抗化学腐蚀的能力较差，故应严防与酸、碱、酒精、芳香油、化妆品等物质接触，从而避免发生褪色和变质现象。绿松石不能耐高温，故加工和使用时均应防止用火烘烤，从而避免其褪色和炸裂。

绿松石在长期的日光照射下会褪色或干裂，故加工、使用和保存时均必须确保其环境阴凉。与其他宝玉石一样，在加工和使用绿松石时，防止意外的外力打击、磕碰也是十分必要的。

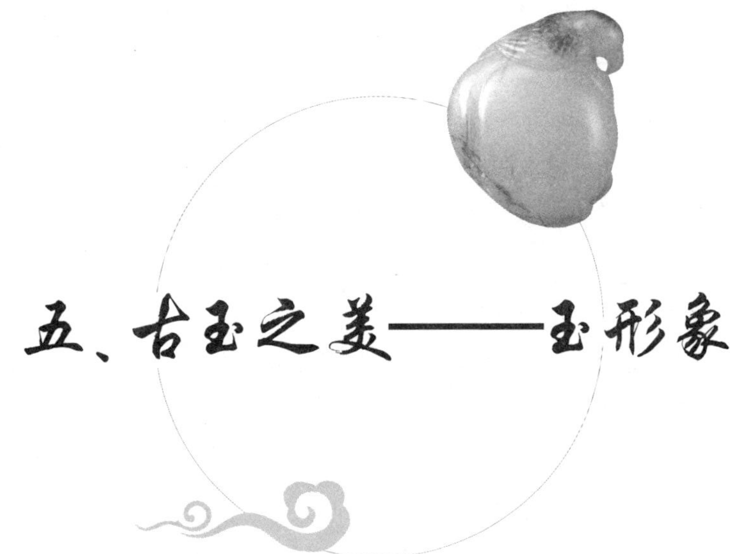

# 五、古玉之美——玉形象

## (一) 玉的文字意义

“玉”字最早见于我国商代甲骨文和西周钟鼎文中的文字里。在古文字中，“玉”写成“王”或“壬”字，并没有那一点，同帝王的“王”字共同享用一个字，三横一竖，表示“像三玉之连其贯也”，即“玉”象形字的初意是三块美玉用一根线绳贯穿起来，是“丰”型。“三玉之连”是中国古代“天人合一”的淳朴世界观的体现。

《说文解字》中注“玉”字，将“玉”解释为帝王的“王”字时，认为王者即“天下所归往也”，并引用董仲舒的话，说“古之造文者，三画而连其中，谓之玉。三者，天地人也。而参通之者，玉也”。因此，古人认为，凡能贯通天、地、人三者之人，则天下归往，便为人间帝王。而在古代巫术活动中，巫的作用就是通过玉来与天神交流、传达天的旨意。巫是集神权和王权于一体的氏族或部落的首领。于是，“玉”与“王”字形便相同了。加点的“玉”字在《说文解字》中并不是没有，而是另外一个字，写成斜“玉”，是指“朽玉”，读为“畜”，意为有瑕疵的玉。世界上并无绝对纯的东西，无论怎么完美的玉都不可能纯净无瑕。《淮南子》云：“夏后之根，不能无考。”就是说，即使夏君主禹的玉也不能没有一点瑕疵。《史

记》中记载，赵国的蔺相如正是抓住了这一点，才能诈秦王曰："璧有瑕，请指示王。"方使和氏璧重新回到手中，得以完璧归赵。白玉有瑕这个客观现象使古人认识到没有绝对纯的玉石，所以在"王"字的第三画旁边加了一点，既喻意又象形，作"玉"字专用，校音为"欲"，和帝王的"王"字相区别。也有人将"玉"字解释为王者怀抱中的一块美石，当然这块石头可不是一般的石头，是非常珍贵的美玉。

"玉"字在古人心目中是一个美好、高尚的字眼。中国先民曾造出从玉的字超过500个，而用"玉"组词更是不计其数。汉字中多数珍宝等都与玉有关，后世流传的"宝"字，就是"家"和"玉"的契合，这是"玉"被私有之后的价值显现。在古代诗文中，常用玉来比喻和形容一切美好的人

或事物:

以玉形容人的词有玉容、玉面、玉女、亭亭玉立、“书中自有黄金屋,书中自有颜如玉”等。以玉形容物的词有玉膳、锦衣玉食、玉泉等。以玉组成的成语有金玉良缘、金枝玉叶、金口玉言、金科玉律、珠联璧合、抛砖引玉等;更多的人将自己心爱的儿女以玉来起名,如瑾、瑜、琮、珣、琳、宝玉、黛玉等。形容玉的种类繁多、丰富多彩,谓之“千样玛瑙万种玉”。说明玉的天然美之难得,不以人的意志为转移,谓之“美玉可遇而不可求,可一不可再”。以玉表示人的性格坚强不屈,有“宁为玉碎,不为瓦全”等。表示玉的经济价值为他物所不及,谓之“黄金有价玉无价,藏金不如藏玉”“价值连城”等。

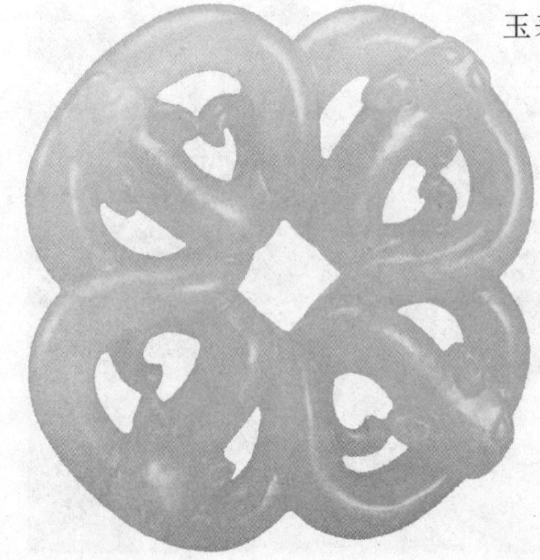

## （二）玉的道德内涵

当玉与一般的石头分开以后，玉就被赋予了美的外表和神奇的功效，于是就脱离了一般的生产工具，被氏族和部落首领占有，用于政治、宗教、礼仪、文化等方面，披上了浓厚的神秘的政治色彩。后来，玉又被披上了道德的外衣，被标榜为道德的楷模，被赋予了更加博大精深的文化内涵。道德是我国古代社会一个美好的政治理想和行为规范，《诗经》云："言念君子，温其如玉"，是以玉比喻君子之美德；孔子也说"夫昔者，君子比德于玉焉"，说

明早在孔子之前，君子已经以玉来比照自己的德行。孔子以儒家学说解释玉有十一德，此外还有管仲的“九德说”、西汉刘安的“六德说”及东汉许慎最后规范的“五德说”。从孔子到许慎这六七百年间，玉德的内涵不断发展不仅起到了规范社会的作用，而且成为很多文人士大夫所遵循的金科玉律。

在孔子的“十一德说”和许慎的“五德说”里我们可以认识下对玉的见解。在《礼记·聘义》中有这样一段记载：子贡问孔子，为什么君子贵玉而贱珉(一种近似于玉的石头)呢?是不是因为玉稀少而珉多

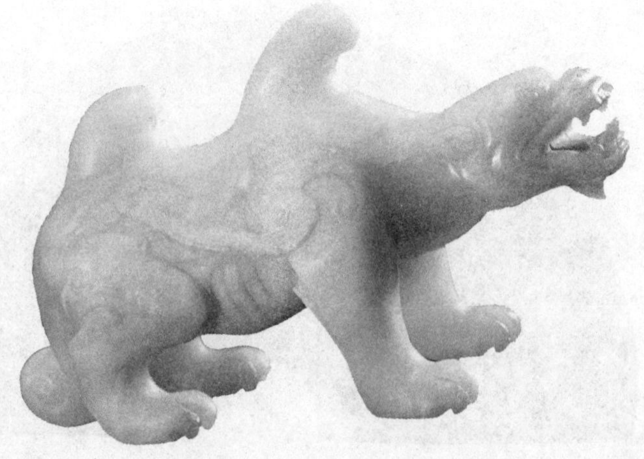

的缘故?孔子回答说:“非为珉之多,故贱之也,玉之寡,故贵之也。夫昔者,君子比德于玉焉。温润而泽,仁也;缜密以栗,知也;廉而不刿,义也;垂之如队,礼也;叩之其声,清越以长,其终诎然,乐也;瑕不掩瑜,瑜不掩瑕,忠也;孚尹旁达,信也;气如白虹,天也;精神见于山川,地也;圭璋特达,德也;天下莫不贵者,道也。诗云:言念君子,温其如玉。故君子贵之也。”孔子的意思是说:不是因为珉多才被轻视,玉少才被重视。这是因为自古以来君子都把玉比拟为道德、象征着德行的缘故。接下来孔子就对玉的十一种象征一一作了解说,

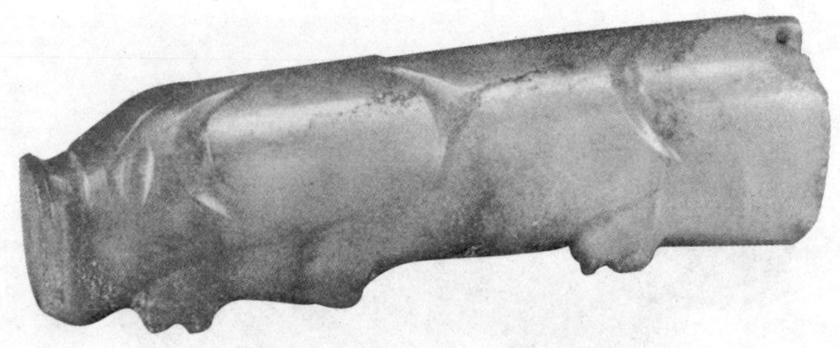

象征仁是认为玉质温柔滋润而有恩德；象征智，是因其坚固致密而有威严；象征义是因其锋利、有气节而不伤人；象征礼，是因为雕琢成器的玉佩整齐地佩挂在身上；象征乐，是因叩击玉的声音清扬且服于礼；玉上的斑点掩盖不了其美质，同样，象征忠是因美玉也不会去遮藏斑点；象征信，是因其光彩四射而不隐蔽；象征天是因其气势如彩虹贯天；象征地，是因其精神犹如高山大河；象征德，是因其执圭璋行礼仪；天底下没有不贵重玉的，因为它象征着道德。

后来，东汉许慎在《说文解字》中进一步将玉的特征归纳为“五德”，与正人君子"仁、义、智、勇、洁"的美德相对应。"玉，石之美者，有五德者。润泽以温，仁之方也；鳃理自外，可以知中，义之方也；其声舒扬，专以远闻，智之方也；不挠而折，勇之方也；锐廉而不忮，挈(洁)之方也。"

玉被赋予如此丰富的道德内涵，因此君子必须佩带它，而且佩带以后，行走时玉佩发出声音，君子走路时就势必温文尔雅，没有丝毫的邪念。由于玉佩只有在不快不慢、富有节奏的步伐下，才会发出悦耳动听的有韵律的声音，这声音不仅集中了君子的注意力，同时也告诉周围的人们：君子来去光明正大，从不偷听偷看别人的言谈举动，这样玉又成为君子行动光明磊落的标志。所

以《礼记·玉藻》说："古之君子必佩玉，右征角，左宫羽；趋以采齐，行以肆夏，周还中规，折还中矩，进则揖之；退则扬之，然后玉锵鸣也。故君子在车则闻鸾和之声，行则鸣佩玉，是以非辟之心，无自入也。"意思是说君子出入进退俯仰之间，玉佩都会发出声音，因此"非辟之心，无自入也"。

玉有如此高尚的品德，因而"古之君子必佩玉"，"君子无故，玉不去身"。久而久之，玉也就成了君子的象征，这也是对玉的最高尚的解释。